Ulrich Beck
Weltrisikogesellschaft,
Weltöffentlichkeit
und globale Subpolitik

Wiener Vorlesungen im Rathaus

Band 52
Herausgegeben für die Abteilung
Stadtentwicklung und Stadtplanung
von Hubert Christian Ehalt

Vortrag im Alten Rathaus
am 23. Mai 1996

Ulrich Beck

Weltrisikogesellschaft, Weltöffentlichkeit und globale Subpolitik

*Mit einem Vorwort
von Hubert Christian Ehalt*

Picus Verlag Wien

Copyright © 1997 Picus Verlag Ges.m.b.H., Wien
Alle Rechte vorbehalten
Grafische Gestaltung: Dorothea Löcker, Wien
Druck und Verarbeitung:
Theiss Druck, Wolfsberg
ISBN 3-85452-351-3

*Die große Resonanz, die der Vortrag des renom-
mierten deutschen Soziologen Prof. René König
Anfang des Jahres 1987 im Wiener Rathaus bei
einem sehr großen Publikum hatte, inspirierte die
Idee einer Vorlesungsreihe im Rathaus zu den
großen Problemen und Überlebensfragen der Menschen am Ausgang des 20. Jahrhunderts. Der da-
malige Bürgermeister Dr. Helmut Zilk förderte die
Initiierung, Etablierung und Entfaltung dieser Vorlesungsreihe nachhaltig, Kulturstadtrat Franz
Mrkvicka nahm die Idee bereitwillig auf. Im Okto-
ber 1987 übernahm Dr. Ursula Pasterk die Leitung
des Kulturressorts der Stadt Wien. Unter ihrer
Amtsführung und unter jener von Bürgermeister Dr.
Helmut Zilk und dessen Nachfolger Dr. Michael
Häupl wurden die Wiener Vorlesungen zur größten
Stadtvorlesung, die es derzeit international gibt.
Planung und Organisation der Wiener Vorlesungen
lagen vom Beginn an beim Wissenschaftsreferat
der Kulturabteilung der Stadt Wien, in dem Hubert
Christian Ehalt und Susanne Strobl für diese In-
itiative verantwortlich zeichnen. Nach der Land-
tags- und Gemeinderatswahl im Herbst 1996
wurde im Zuge einer neuen Geschäftseinteilung
das Aufgabenfeld des Wissenschaftsreferates der
Kulturabteilung der Stadt Wien auf Wunsch von
Vizebürgermeister Dr. Bernhard Görg als Gruppe*

Wissenschaft in dessen Geschäftsgruppe Planung und Zukunft transferiert. Dr. Bernhard Görg möchte im Hinblick auf die große Bedeutung von Innovation für eine gedeihliche Gesellschaftsentwicklung dem Bereich der Wissenschaft eine besondere Stellung in seinem Ressort zuordnen, und er mißt dabei den Wiener Vorlesungen eine besondere Bedeutung zu.

Bisher waren an die 600 ReferentInnen aus allen Kontinenten zu Gast. Unter den Vortragenden finden sich die Namen von Marie Albu-Jahoda, Ulrich Beck, Bruno Bettelheim, Ernesto Cardenal, Carl Djerassi, Marion Dönhoff, Manfred Eigen, Viktor Frankl, Vilém Flusser, Peter Gay, Maurice Godelier, Ernst Gombrich, Michail Gorbatschow, Tamara K. Hareven, Jeanne Hersch, Eric J. Hobsbawm, Ivan Illich, Otto F. Kernberg, Václav Klaus, Ruth Klüger, Teddy Kollek, Kardinal Franz König, Bischof Erwin Kräutler, Bruno Kreisky, Jost Krippendorf, Gudula Linck, Viktor Matejka, Adam Michnik, Max F. Perutz, Hans Pestalozzi, Uta Ranke-Heinemann, Eva Reich, Marcel Reich-Ranicki, Horst-Eberhard Richter, Erwin Ringel, Carl E. Schorske, Margarethe Schütte-Lihotzky, Edward Shorter, Hans Strotzka, Paul Watzlawick, George Weidenfeld, Harry Zohn u. a.

Vorwort

Ulrich Beck hat mit seinen Büchern »Risikogesell-schaft«, »Die Erfindung des Politischen«, »Das ganz normale Chaos der Liebe« sehr präzise unterschiedliche Aspekte jener jüngeren historischen Entwicklung charakterisiert, die in den aktuellen Diskursen in der »neuen Unübersichtlichkeit« häufig nur sehr unscharf umrissen werden.

Die alten Naturgefahren, mit denen noch die Generationen der Großeltern und Urgroßeltern konfrontiert waren – Hochwasser, Vermurungen, Verschüttungen, Dürrekatastrophen, Witterungseinbrüche, Eisstöße, Sturmfluten –, hatten alle einen regionalen Charakter: sie waren sichtbar und für die, die sie betrafen, schmerzlich spürbar. Die neuen Naturgefahren sind global, sie wirken weit über ihre Entstehungsherde hinaus und sind bisweilen unsichtbar: großräumige Verwüstungen, Ozonloch, Abschmelzung der Pole, Verschmutzung der Weltmeere.

In seinem Buch »Risikogesellschaft« schreibt Ulrich Beck über diese Übernationalität der neuen Gefahren, über ihre Nichtwahrnehmbarkeit, ihre Wissensabhängigkeit, über die ökologische Enteignung, über das Umschlagen von Normalität in Absurdität.

Man kann sich diese Situationen, mit denen wir in diesen Jahren des ausgehenden 20. Jahrhunderts konfrontiert sind, am besten durch einen historischen Vergleich verdeutlichen. Bis ins 19. Jahrhundert hinein war das Leben der Menschen in einem sehr langsamen Fluß gesellschaftlicher Veränderung begriffen, der für den einzelnen kaum wahrnehmbar war. Das Leben des einzelnen war voll von Risken; zugleich konnten die Menschen davon ausgehen, daß das Leben ihrer Urenkel in ähnlichen Bahnen verlaufen würde wie das ihrer Urahnen. Wir sind in den westlichen Gesellschaften heute in einer paradoxen Situation. Das Leben der einzelnen Menschen verläuft in so sicheren Bahnen, daß Planungen immer langfristiger angelegt werden, und die einzelnen Individuen leben in der Illusion, sie könnten existentielle Unsicherheiten gänzlich aus ihrem Leben verbannen. So setzen sich die Menschen häufig ganz bewußt Gefahren aus, um die Langeweile der Sicherheit in ihrem Leben zu durchbrechen. Gleichzeitig erleben wir, daß die uns bedrohenden Gefahren keine konkret angebbaren Ausgangspunkte und abgrenzbare Auswirkungsfelder haben. Ein vor Wales strandender Ölfrachter verseucht – wie die Limnologen sehr genau untersucht haben – innerhalb überschaubarer Zeiträume auch Mittelmeer und Pazifik. Ein Störfall in einem Atomkraftwerk betrifft nicht nur die Region und die Anrainerstaaten. Die Abholzung des Amazonas-Urwalds hat globale Auswirkungen. Ähnlich wie im ökologischen verhält es sich im politischen und im ökonomischen System.

Ulrich Beck malt jedoch nicht nur ein Katastrophenszenario. Er sieht in seinen Analysen über das Weltsystem und die alltäglichen Lebenswelten auch Chancen für eine neue Moderne, die die zivilen Elemente der Gesellschaft verstärkt. Es gibt Anzeichen dafür, daß die Individuen in die Gesellschaft zurückkehren, und daß ein

10

neuer Weg in die Bürgergesellschaft jenseits von rechts und links gefunden wird. Die radikale Infragestellung überkommener Lebens-, Handlungs- und Denkformen, wie sie gegenwärtig im Westen geschieht, hat nicht nur eine Tendenz in Richtung Entsolidarisierung; sie bietet auch eine Chance, die zivile, bürgerliche Gesellschaft, die bei näherer Hinsicht bisher ohnedies nur in kleinen Reservaten bestand, auszudehnen. Und so eröffnet sich auch eine positive Perspektive, da die in der Aufklärung angelegte Hoffnung auf eine Ermittlung jeweils richtiger Wege, Entscheidungen und Lebensformen in Diskussionen, die demokratisch und solidarisch geführt werden, 200 Jahre später größere Entfaltungschancen bekommt.

Weltrisikogesellschaft – Chance für eine Weltbürgergesellschaft? Diese Frage legten die Wiener Vorlesungen Herrn Professor Beck vor, und wir freuen uns darüber, daß seine Überlegungen im Wege dieser Publikation einer größeren Öffentlichkeit erschlossen werden.

Hubert Christian Ehalt

Ulrich Beck
Weltrisikogesellschaft, Weltöffentlichkeit und globale Subpolitik

Risikogesellschaft meint – zu Ende gedacht – Weltrisikogesellschaft. Denn ihr axiales Prinzip – ihre Herausforderungen – sind zivilisatorisch erzeugte Gefahren, die sich weder räumlich noch zeitlich noch sozial eingrenzen lassen. Auf diese Weise werden die Rahmenbedingungen und Grundlagen der ersten, industriellen Moderne – Klassenantagonismus, Nationalstaatlichkeit sowie die Bilder linearer, technisch-ökonomischer Rationalität und Kontrolle – unterlaufen und aufgehoben.[1]

Dabei fällt auf, welche Begriffe zur soziologischen Kennzeichnung ökologischer Fragen hier *nicht* verwendet werden: Es ist vordergründig nicht von »Natur« oder »Naturzerstörung«, auch nicht von »Ökologie« oder »Umweltproblemen« die Rede. Verbinden sich damit systematische Absichten? Das ist, wie zu zeigen sein wird, der Fall. Tatsächlich wird hier ein Begriffsrahmen zur sozialwissenschaftlichen Analyse ökologischer Fragen vorgeschlagen, welcher diese gerade nicht als *Um*welt-, sondern als *Innen*welt-Probleme von Gesellschaft aufzufassen erlaubt. An die Stelle der scheinbar selbstverständlichen Schlüsselbegriffe »Natur«, »Ökologie« und »Umwelt«, die aus der Differenz zum Gesellschaftlichen entstanden und begründet sind, wird hier eine Begrifflichkeit skizziert, die jenseits des Dualismus von

Gesellschaft und Natur ansetzt und Gesichtspunkte und Themenfelder *zivilisatorisch fabrizierter* Unsicherheit ins Zentrum stellt: Risiko, Gefahr, Nebenwirkung, Versicherbarkeit, Individualisierung und Globalisierung.

Dieser Rede von der Weltrisikogesellschaft wird immer wieder entgegengehalten, daß sie eine Art Neospenglerismus begünstigt und politisches Handeln blockiert. Das Gegenteil ist – wie hier gezeigt werden soll – ebenso richtig: Im Selbstverständnis der Weltrisikogesellschaft wird die Gesellschaft *reflexiv*[2]; das bedeutet, daß sie sich erstens selbst zum Thema und Problem wird; globale Gefahren stiften globale Gemeinsamkeiten, ja es bilden sich die Konturen einer (virtuellen) Weltöffentlichkeit heraus. Zweitens setzt die wahrgenommene Globalität zivilisatorischer Selbstgefährdungen einen politisch gestaltbaren Impuls frei zur Ausbildung und Ausgestaltung kooperativer internationaler Institutionen. Drittens kommt es zur Entgrenzung des Politischen. Das heißt: Es entstehen Konstellationen einer zugleich globalen und direkten Subpolitik, welche die Koordinaten und Koalitionen nationalstaatlicher Politik relativieren, unterlaufen und zu weltweiten »Bündnissen sich ausschließender Überzeugungen« führen können. Mit aller Wahrscheinlichkeit: In der wahrgenommenen Not der Weltrisikogesellschaft kann die »Weltbürgergesellschaft« (Kant) Konturen gewinnen.

I. Bezugspunkte einer Theorie der Weltrisikogesellschaft

1. VON DER UNBESTIMMTHEIT DER BEGRIFFE NATUR UND ÖKOLOGIE

Der Begriff Ökologie hat eine eindrucksvolle Erfolgsgeschichte vorzuweisen. Heute liegt die Verantwortung für den Zustand der Natur bei Ministern und Managern. Der Nachweis, daß »Nebenfolgen« von Produkten oder Produktionsverfahren die Lebensgrundlagen gefährden, kann Märkte zum Einsturz bringen, politisches Vertrauen ebenso zerstören wie ökonomisches Kapital und den Glauben an die überlegene Rationalität von Experten. Dieser (in mancher Hinsicht durchaus subversive) Erfolg verdeckt, daß »Ökologie« ein ganz unbestimmter Begriff ist und jeder auf die Frage, was zu erhalten sei, eine andere Antwort gibt.[3]

»Wieder ging mir der große Humbug mit der Natur auf«, schreibt Gottfried Benn, »Schnee, auch wenn er nicht taut, gibt kaum sprachliche und emotionelle Motive, seine zweifellose Monotonie kann man gedanklich vollkommen von der Wohnung aus erledigen. Die Natur ist leer, öde; nur Spießer sehen was in sie hinein, arme Schlucker, die sich dauernd ergehen müssen. Z. B. Wälder sind vollkommen motivlos, alles unter 1500 m ist überholt, seit sie den Piz Palü für 1,– DM im Kino erblicken und erleben können. Fliehen Sie vor der Natur, sie vermasselt die Gedanken und verdirbt notorisch den Stil! Natura – ein femininum, natürlich! Immer auf Abzapfung von Samen bedacht, auf Bebeischläferung und Ermüdung des Mannes. Die Natur, ist sie überhaupt natürlich? Beginnt und läßt liegen, Ansätze und eben so viele Unterbrechungen, Wendungen, Mißlingen, im Stich lassen, Widersprüche, Aufblitzen, sinnloses Sterben, Versuche, Spiele, Scheinbarkeiten – das Schulbeispiel des Widernatürlichen! Außerdem ist sie noch ungemein beschwerlich, bergauf, bergab; Steigungen, die sich wieder aufheben, Fernblicke, die sich wieder verwischen, Ausluge, von denen man vorher nichts wußte, und die man wieder vergißt, kurz: Blödsinn.«[4]

Wenn jemand das Wort »Natur« in den Mund nimmt, stellt sich gleich die Frage: Welches *kulturelle Muster* von »Natur« wird hier vorausgesetzt: Die Ist-, also die industriell geschundene Natur? Das Landleben der fünfziger Jahre (wie es sich heute im Rückblick darstellt oder wie es sich damals den auf dem Land Lebenden dargestellt hat)? Die Bergeinsamkeit, bevor es das Buch »Wandern in den einsamen Bergen« gab? Die Natur der Naturwissenschaft? Die ersehnte Natur (im Sinne von Ruhe, Gebirgsbach, innerer Versenkung)? Wie sie in den Tourismuskatalogen der Welteinsamkeits-Supermärkte angepriesen wird? Das »robuste« Naturbild der Manager, nach dem Eingriffe der Industrie von der Natur durchaus kompensierbar sind? Oder das Bild der »sensiblen« Naturbewegten, nach dem selbst kleine Eingriffe unter Umständen irreparable Schäden bewirken können?

Also: Auch und gerade Natur ist nicht Natur, sondern ein Begriff, eine Norm, eine Erinnerung, eine Utopie, ein Gegenentwurf. Heute mehr denn je. Natur wird zu einem

Zeitpunkt wiederentdeckt, verzärtelt, wo es sie nicht mehr gibt. Die Ökologiebewegung reagiert auf den Globalzustand einer widerspruchsvollen Verschmelzung von Natur und Gesellschaft, die beide Begriffe aufgehoben hat in einem Vermischungsverhältnis wechselseitiger Vernetzungen und Verletzungen, von denen wir noch keine Vorstellung, geschweige denn ein Konzept haben. In der ökologischen Debatte sitzen Versuche, die Natur als Maßstab gegen ihre Zerstörung zu benutzen, einem *naturalistischen Mißverständnis* auf. Die Natur, auf die man sich beruft, gibt es nicht mehr.[5] Was es gibt und was politisch rumort, das sind verschiedene Vergesellschaftungsformen und symbolische Vermittlungen von Natur(zerstörungen), *Kulturbegriffe* der Natur, gegensätzliche Naturverständnisse und ihre (national)kulturellen Traditionen, die hinter der Oberfläche von Expertenkontroversen, technischen Formeln und Gefahren die Ökologiekonflikte innerhalb Europas sowie mit und in den Ländern der »Dritten Welt« bestimmen (werden).[6]

Wenn aber Natur »an sich« die ökologische Krise und Kritik am Industriesystem nicht begründen kann – was dann? Auf diese Frage sind mehrere Antworten möglich. Die erste und gebräuchlichste lautet: Natur*wissenschaft*. Demnach sind es technische Formeln – Giftgehalte in Luft, Wasser und Nahrungsmitteln, die Modelle der Klimaforscher oder die kybernetisch gedachten Rückkoppelungsschleifen der Ökosystemwissenschaft –, die über die Tolerierbarkeit von Belastungen und Zerstörungen entscheiden. Doch in dieser Sicht verbergen sich mindestens drei Fußangeln: Erstens ist dies der gerade Weg in die Ökokratie, die sich von der Technokratie durch Potenzierung, nämlich globales Management unterscheidet, gekrönt durch ein ausgeprägt gutes Gewissen.

Zweitens werden die Bedeutung kultureller Wahrnehmungen sowie von interkulturellen Konflikten und Dialogen unterschätzt und ausgeklammert. Denn dieselben Gefahren erscheinen dem einen als Drachen, dem anderen als Regenwurm. Das ist exemplarisch in der Einschätzung der Gefährlichkeit der Kernenergie der Fall. Für unsere französischen Nachbarn symbolisieren Atomkraftwerke den Gipfel der Modernität. Durch sie pilgern an Feiertagen bewundernd die Eltern mit ihren Kindern. Daran hat auch Tschernobyl und die Einsicht, daß selbst heute, mehr als zehn Jahre danach, die Verletzten und Toten dieses »Unfalls« noch nicht einmal alle *geboren* sind, nichts geändert.

Drittens stecken in naturwissenschaftlichen Modellen ökologischer Fragen auch wieder implizite kulturelle Entwürfe von Natur (z. B. die der Systemwissenschaft, die sich vom Naturverständnis des frühen Naturschutzes deutlich unterscheidet).

Sicher, alle müssen in naturwissenschaftlichen Begriffen denken, um die Welt überhaupt als ökologisch gefährdet wahrzunehmen. Das ökologische Alltagsbewußtsein ist also das genaue Gegenteil eines »natürlichen« Bewußtseins, nämlich eine hochgradig verwissenschaftlichte Weltsicht, in der chemische Formeln alltägliches Handeln bestimmen.[7]

Doch alle Kunst der Experten kann niemals die Frage beantworten: Wie wollen wir leben? Was die Menschen noch hinzunehmen bereit sind und was nicht mehr, das folgt aus keiner technischen oder ökologischen Gefahrendiagnose. Diese Frage muß vielmehr zum Gegenstand eines globalen Gesprächs der Kulturen gemacht werden. Genau hierauf zielt eine zweite, *kultur*wissenschaftliche Sicht. Sie besagt: Ausmaß und Dringlichkeit der ökologischen Krise schwanken mit der intra- und interkulturellen Wahrnehmung und Wertung.

Was ist das für eine Wahrheit, könnte man mit Montaigne fragen, die an der Grenze zu Frankreich endet und jenseits davon als Trug und Einbildung gilt? Gefahren sind in dieser Sicht nichts, das draußen in der Welt unabhängig von unseren Wahrnehmungen »an sich« existiert. Sie werden vielmehr erst mit ihrer allgemeinen Bewußtwerdung zum Politikum, sind soziale Konstruktionen, die mit wissenschaftlichem Argumentationsmaterial strategisch in der Öffentlichkeit definiert, verschleiert, dramatisiert werden. Es ist wohl kein Zufall, daß diese Sicht schon 1983 von zwei angelsächsischen Sozialanthropologen – Mary Douglas und Aaron Wildavsky – in ihrem Buch »Risk and Culture« ausgearbeitet wurde. Die Autorin und ihr Ko-Autor entwickeln darin (als Affront gegen das aufkommende Umweltbewußtsein gedacht) die Auffassung, daß zwischen den Gefahren der Frühzeit und der Hochzivilisation kein substantieller Unterschied besteht – außer in der Art der kulturellen Wahrnehmung und wie diese weltgesellschaftlich organisiert ist.

Bei aller Richtigkeit und Wichtigkeit bleibt diese Sicht unbefriedigend, u. a. weil die Steinzeitmenschen bekanntlich noch nicht über die Möglichkeit der atomaren und ökologischen Selbstvernichtung verfügten und weil überhaupt Gefahren, die von Dämonen drohen, eben nicht dieselbe politische Dynamik aufweisen wie die menschengemachten Gefahren der ökologischen Selbstzerstörung.[8]

2. DIE REALISMUS-KONSTRUKTIVISMUS-DEBATTE

Hier nun setzt die Theorie der Weltrisikogesellschaft an. Auf die Frage, was den Begriff Weltrisikogesellschaft rechtfertige, sind zwei Antworten möglich – eine *realistische* und eine *konstruktivistische*. In der realistischen Einstellung »sind« die Folgen und Gefahren entwickelter industrieller Produktionen inzwischen global. Dieses »sind« stützt sich auf naturwissenschaftliche Befunde und Debatten über laufende Zerstörungen (Ozonloch etc.). In dieser Sicht greifen die Entfaltung von Produktivkräften und die Entfaltung von Destruktivkräften ineinander und erzeugen so – im Sichtschatten latenter Nebenfolgen – die zu entschlüsselnde, neuartige Konfliktdynamik einer Weltrisikogesellschaft. Diese drückt sich u. a. in einschlägigen Erfahrungen aus wie dem Reaktorunfall von Tschernobyl, wo die »atomare Wolke« ganz Europa in Schrecken versetzt und die Menschen bis hinein in ihren privaten Alltag zu einschneidenden Verhaltensänderungen gezwungen hat. Dazu gehört aber auch das Wissen jedes mündigen Zeitungslesers und Fernsehmitglieds westlicher Gesellschaften, daß Gifte in Luft, Wasser, Boden, Pflanzen und Nahrungsmitteln »keine Grenzen kennen«.

In dieser »realistischen« Sichtweise spiegelt die Rede von der Weltrisikogesellschaft also den inzwischen erzwungenen Grad globaler Vergesellschaftung durch zivilisatorisch erzeugte Gefahren wider. Diese neue Weltlage ermöglicht die wachsende Bedeutung transnationaler Institutionen. Den globalen Gefahren entsprechen also – »realistischerweise« – globale Wahrnehmungsmuster, Öffentlichkeits- und Handlungsforen und schließlich, wenn die unterstellte Objektivität dem Handeln hinreichend Schwung verleiht, transnationale Akteure und Institutionen.

Die Kraft des Realismus zeigt sich überdies in einer klaren, historischen »story-line«. Danach lassen sich zwei Phasen der industriellen oder industriegesellschaftlichen Entwicklung unterscheiden. In einer ersten Phase dominiert die Klassen- oder soziale Frage, in einer zweiten die ökologische Frage. Wobei in einer komplizierteren Sicht keineswegs unterstellt werden muß, daß die ökologische die Klassenfrage verdrängt, sondern durchaus gesehen und betont werden kann, daß ökologische, Arbeitsmarkt- und Wirtschaftskrisen sich überlagern und wechselseitig verschärfen können. Für die zwingende Kraft eines Phasenmodells ist es allerdings nützlich, der Armuts- und Klassenfrage einer nationalstaatlichen Phase des Industriekapitalismus die Globalität der ökologischen Frage gegenüberzustellen. Denn damit werden industriegesellschaftliche Konfliktmuster insgesamt entwertet. Wer die Objektivität globaler Gefahren unterstellt, begünstigt die Herausbildung (zentralistischer) transnationaler Institutionen. Diese oft als naiv verdächtigte Sicht stellt also einen nicht unerheblichen Machtimpuls dar oder sogar her, um eine Politik des – um ein neues Zauberwort aufzugreifen – »sustainable development« durchzusetzen.

Doch bereits ein oberflächlicher Blick auf derartig realistische Begründungen der Weltrisikogesellschaft zeigt, wie zerbrechlich diese sind: Erstens beruht die unreflektierte realistische Sicht auf dem Vergessen oder Verdrängen, daß ihr »Realismus« sedimentiertes, fragmentiertes, massenmediales Kollektivbewußtsein ist. Die Bilder, Symbole, das Wissen um die ökologischen Fragen ist keineswegs ursprünglich, selbstgewiß, in Eigenerfahrung begründet. Es ist geborgt, durch und durch aus »zweiter Hand«, also konstruiert, medialisiert, setzt die großen gesellschaftlichen Wissens- und Wissenschaftsorganisationen voraus (wie Fernsehen, Tageszeitungen, soziale Bewegungen, Umweltorganisationen, Forschungsinstitute usw.). Die Definitionsmacht des Realismus beruht auf dem Ausschluß von Fragen, die umgekehrt die Deutungs-Überlegenheit konstruktivistischer Sichtweisen begründen. Wie beispielsweise die geborgte Selbstverständlichkeit »realistischer« Gefahren *hergestellt* wird, welche Akteure, Institutionen, Strategien und Ressourcen dafür ausschlaggebend sind, kann überhaupt erst sinnvoll in einer anti-realistischen, konstruktivistischen Einstellung erfragt und erfaßt werden.

In sozialkonstruktivistischer Sicht beruht dann auch die Rede von der »Weltrisikogesellschaft« nicht auf der (naturwissenschaftlich diagnostizierten) Globalität von Problemlagen, sondern auf *transnationalen »Diskurs-*

Koalitionen« (Maarten Hajer), welche die Agenda und Themen der globalen Umweltfragen im öffentlichen Raum durchsetzen. Diese sind überhaupt erst in den siebziger und achtziger Jahren geschmiedet und machtvoll geworden und haben in den neunziger Jahren, insbesondere seit dem Erdgipfel in Rio, begonnen, die Themenlandschaft im Sinne globaler Erdprobleme umzugestalten. Hierfür sind die Institutionalisierung der Umweltbewegung, der Aufbau von Netzwerken und transnationalen Akteuren (wie IUN, WWF, Greenpeace, aber auch die Einrichtung von Umweltministerien, nationale und internationale Gesetze und Verträge, der Aufschwung von Umweltindustrien sowie »big science« zum globalen Management von Welt-Problemen) vorausgesetzt und unverzichtbar. Nicht nur das, diese müssen auch *erfolgreich* agieren und sich immer aufs neue gegen mächtige Gegenkoalitionen durchsetzen.

So trifft bis heute die globale Problemordnung – eben die Rede von der Weltrisikogesellschaft – auf drei Arten von Gegenargumenten: Erstens wird die Unsicherheit des entsprechenden (wissenschaftlichen) Gefährdungswissens betont; manche weisen auch auf Diskrepanzen zwischen dem tatsächlichen Wissensstand der Wissenschaften und der öffentlichen Dramaturgie von Gefahren hin. Zweitens wird – insbesondere von Akteuren und Regierungen der sogenannten Dritten Welt – die Globalität der Umweltprobleme als eine Art ökologischer Neoimperialismus der westlichen Staaten kritisiert. Diese, so heißt es, würden sich auf diese Art nicht nur einen Wissens- und Entwicklungsvorsprung gegenüber den armen Ländern sichern, sondern insbesondere auch ihre Rolle als Hauptverursacher der globalen zivilisatorischen Selbstgefährdung verschleiern. Schließlich wird drittens eingewendet, daß die Globalität der ökologischen Frage zu einer Pervertierung des »Natur-Schutzes« in sein Gegenteil, nämlich eine Art globales Welt-Management führt. Zugleich würden auf diese Weise auch neue Wissensmonopole, eben die hochtechnisierten »Welt-(Klima-)Modelle« (Global Circulation Models des »International Panel for Climate Change«, IPCC) sowie die in sie eingebauten Politikformen und disziplinären Deutungs- und Kontrollansprüche (insbesondere der Natur- und Computerwissenschaften) aufgebaut.

Darüber hinaus wird inzwischen erkennbar, daß die Rede von der Weltrisikogesellschaft keineswegs mit der Überwindung, sondern genau im Gegenteil mit dem Hervortreten ethnisch-nationalistischer Wahrnehmungs- und Wertungsgegensätze (z. B. im Streit um die »Gefährlichkeit« von Gefahren, ihre »Verursacher«, die Notwendigkeit von Gegenmaßnahmen) einhergeht, die ihrerseits nationale Gewinner und Verlierer ein- bzw. ausgrenzen.

So gegensätzlich essentialistisch-realistische und konstruktivistische Ansätze im Ausgangspunkt in ihren Methoden und Grundannahmen auch sein mögen, sie stimmen doch in ihrer Diagnose überein. Rechtfertigen sie doch beide auf verschiedenen Wegen die Rede von der Weltrisikogesellschaft. Durch diesen Hinweis sollen die Unterschiede keineswegs kleingeschrieben werden. Besonders bemerkenswert ist, daß der Realismus die Betonung auf *Weltrisiko*gesellschaft, der Konstruktivismus dagegen den Akzent auf Weltrisiko*gesellschaft* legt. In konstruktivistischer Sicht müssen nämlich transnationale Akteure ihre diskursive Politik bereits *durchgesetzt* haben, damit die Globalität der Umweltthemen für soziale Wahrnehmungen und Handlungsforderungen bestimmend wird. Demgegenüber gründet in »realistischer« Sicht diese Globalität *nur* in der schwebend unterstellten Eigenmacht objektiver Gefahren. Wenn man will, kann man sagen, daß der Realismus die ökologische Problematik als »*geschlossen*« vorstellt, während der Konstruktivismus die prinzipielle *Offenheit* betont. Dort stehen die *Gefahren* – Drohszenarien – hier die *Chancen* – Akteurskontexte – der Weltrisikogesellschaft im Zentrum. Dort müssen globale Gefahren internationale Institutionen und Verträge überhaupt erst stiften. Hier setzt die Rede von globalen Umweltgefahren bereits übernational erfolgreich agierende Diskurs-Koalitionen voraus.

Doch stellt sich auch die Frage: Schließen realistische und konstruktivistische Zugangsweisen und Begründungsformen der Weltrisikogesellschaft sich wirklich in jeder Hinsicht aus? Dies gilt wohl nur solange, wie auf beiden Seiten *naive* Spielarten unterstellt werden. Es gibt nämlich nicht nur einen Glauben an die real existierende Natur und Wirklichkeit, sondern auch einen Glauben an die Reinheit eines nichts als konstruktivistischen Konstruktivismus. Dabei wird u. a. der deutungs- und daher machtstrategische Gehalt eines reflektierten Realismus verkannt. Dieser verfügt über die Quellen, welche Wirklichkeits»konstruktionen« überhaupt erst zur

24

»Wirklichkeit« machen, untersucht, wie Selbstverständlichkeit hergestellt, Fragen gekappt, Deutungsalternativen in »black boxes« verschlossen werden usw.

Man kann, wenn man einfachen Gegenüberstellungen mißtraut, also einem »naiven« Konstruktivismus einen »reflexiven« Realismus gegenüber oder zur Seite stellen. Der naive Konstruktivismus verkennt die Spielarten eines konstruktivistischen Realismus und bleibt insofern in einem gleichsam realistischen Selbstmißverständnis seines Nur-Konstruktivismus hängen. Er verkennt sozusagen, daß Wirklichkeitskonstruktionen, die halten (und Handeln anleiten) sollen, ihren Konstruktionscharakter zurücknehmen müssen, weil sie ansonsten als *Konstruktionen* von Wirklichkeit und nicht als *Wirklichkeit* konstruiert werden. Darüber hinaus verkennt der naive Konstruktivismus die Materialität, die Eigenzwänge globaler Gefahren, welche der ökonomischer Zwänge keineswegs nachstehen. Konstruktivistische Analysen, die blind werden für die Differenz zwischen der Zerstörung als *Ereignis* und der *Rede* über dieses Ereignis, können Gefahren kognitivistisch verharmlosen. Im Absehen auf »kognitive Elemente« wird unter Umständen davon abgesehen, daß Gefahren zerstörerisch, schmerzhaft und auflösend wirken und insofern chaotisch-diabolische Bedeutung haben.

3. WIE WIRD DIE DIFFERENZ VON NATUR UND GESELLSCHAFT INNERGESELLSCHAFTLICH KONSTRUIERT UND SOZIOLOGISCH REKONSTRUIERT?

An dieser Frage, wie der alte Dualismus zwischen Natur und Gesellschaft zugleich aufgehoben und im Sinne symbolisch vermittelter gesellschaftlicher Naturverhältnisse neu bestimmt und begriffen werden kann, arbeiten in der Soziologie unterschiedliche Theorie- und Forschungsprogramme von verschiedenen Ausgangspunkten her.

Aus dem Kontext der Wissenschafts- und Technikforschung hat Bruno Latour vorgeschlagen, an die Stelle des Dualismus von Natur und Gesellschaft eine *Soziologie der Artefakte* oder – wie er es nennt – der *Hybriden* zu setzen. Auf die Frage, was an die Stelle der Basisunterscheidung von Gesellschaft und Natur (Gesellschaft und Technik) tritt, antwortet Latour: die neuartige Einheit ihrer Nichtunterscheidbarkeit. Diese vermag er sehr überzeugend *in der Negation* auszubuchstabieren, nicht aber in dem, was sie für sich selbst darstellt. Dem Leser geht es wie dem Engel in der Parabel von Walter Benjamin: Er kann im Gegenwind der Argumente nur rückwärtsgewandt den Sinn des Textes entschlüsseln. Will er mehr wissen und verstehen, muß er die empirisch-historischen Studien Latours zur Akteur-Netzwerk-Theorie heranziehen.[9]

Im Zusammenhang der Gender-Forschung sind eine Reihe durchaus konkurrierender Ansätze zu einer *feministischen Ökosoziologie* vorgetragen worden. Gemeinsam ist diesen die Unterstellung eines besonderen Verhältnisses zwischen Frau und Natur. Das »Besondere« setzt einen Begriff des »Normalen« oder »Anderen« voraus. Dieser wird in dem im Patriachat bedingten Verhältnis zwischen Mann und Natur gesehen. Danach hat die technisch-industrielle Herrschaft über die Natur ihre Parallele (ihren Grund?) in der Herrschaft der Männer über die Frauen. Woraus folgt: Jene kann nur mit dieser abgestreift werden. Das besondere Verhältnis zwischen Frau und Natur wird entweder essentialistisch oder konstruktivistisch oder als Verbindung von beidem gedacht. So oder so erscheinen Frauen – nicht zuletzt aufgrund der Erfahrung der Mutterschaft – der Natur näher zu sein. Diese größere Naturnähe der Frauen kann symbolisch-spiritualistisch verstanden werden, etwa in dem Sinn, daß »Frauen immer wie Berge gedacht haben« (Sharon Doubiago).

Erfahrungen in weiblichen Lebenszusammenhängen umfassen, schreibt in diesem Sinn Charlene Spretnak, »die Wahrheit des Naturalismus und die ganzheitlichen Neigungen von Frauen (...) Ich meine nicht ›nur‹ unsere Macht, Menschen aus unserem eigenen Fleisch und Blut auszubilden und sie mit unseren Brüsten zu nähren (...) Ich denke, daß es viele Momente im Leben einer Frau gibt, in denen sie in einer mächtigen Vereinigung von Körper und Geist die ganzheitlichen Wahrheiten der Spiritualität erfährt.«[10]

Ynesta King wendet diese essentialistische Sicht in eine politische. Unter der Voraussetzung, daß die unterstellte Naturnähe von Frauen ein soziales Konstrukt ist, gebe es für Feministinnen drei Optionen: Erstens können sich die Frauen in die Männer-Welt integrieren, also die Frau-Natur-Bindung durchtrennen; zweitens können Frauen diese verstärken; und drittens »können wir uns, obwohl der Dualismus von Natur und Kultur ein kulturelles Produkt ist, gleichwohl bewußt entscheiden, die Frau-Natur-Bindung nicht zu durchtrennen, indem wir uns der männlichen Kultur nicht anschließen. Wir können sie vielmehr als Ausgangspunkt zur Bildung einer anderen Kultur und einer anderen Politik benutzen, die intuitive, spirituelle und rationale Formen der Erkenntnis integriert und Wissenschaft und Magie insoweit einschließt, als sie uns in die Lage versetzen, die Natur-Kultur-Unterscheidung zu transformieren und eine freie, ökologische Gesellschaft zu ersinnen und zu schaffen.«[11]

Im Zusammendenken von Techniksoziologie und feministischer Ökologie hat Donna Haraway mit großer intellektueller und politischer Ausstrahlung herausgearbeitet, wie sich unter dem Einfluß von Informations- und Biotechnologien die traditionellen Grenzen zwischen den Geschlechtern (ebenso wie zwischen Natur und Kultur, zwischen Mensch und Tier, zwischen Mensch und Maschine) überhaupt verwischen. Sie plädiert dafür, dies nicht als Auflösung zu beklagen, sondern die Chance zu begreifen, das »Durcheinander aller Grenzen zu genießen und diese selbstbewußt neu abzustecken.«[12]

In Anknüpfung an die Spätkapitalismustheorie wird in der *sozialökologischen Forschung* theoretisch und empirisch an dem gearbeitet, was die Autoren die *gesellschaftliche Krise der Naturverhältnisse* nennen. Sie

28

wenden sich ebenso gegen die Sackgassen des Naturalismus wie gegen die eines Soziozentrismus und versuchen zugleich, die Leistungen beider zu verbinden. Entsprechend wird argumentiert, daß weder die materialen (naturwissenschaftlich beschreibbaren) Probleme allein, noch die vom Konstruktivismus hervorgehobenen, kulturell symbolischen (Über)Formungen der Naturzerstörungen für sich genommen den Kern der ökologischen Krise ausmachen. Zentral sei vielmehr, daß und wie diese sich scheinbar ausschließenden disziplinären Zugänge und Gewißheiten zusammengedacht und in konkreten Forschungen mit ihren historisch zwangsläufigen, wissenschafts-disziplinären Widersprüchen verbunden werden.

Der sozialökologische Ansatz versucht, die Dilemmata jeder Ökosoziologie zwischen Naturalismus und Soziozentrismus also im Zusammenspiel zwischen verschiedenen *Wissenschafts-* und *Wissens*formen aufzulösen. »Es zeichnet diesen Ansatz aus, daß die pluralen Naturverhältnisse erstens als je spezifisch umkämpfte Felder aufgefaßt werden, daß ihre wissenschaftliche Bearbeitung zweitens mit der Forderung nach einer *neuen Interdisziplinarität,* nach einem neuen Verhältnis von Natur- und Sozialwissenschaften verknüpft ist, jedoch drittens die Pluralität in ein übergreifendes gesellschaftstheoretisches Erklärungsmuster eingebettet ist: im Modell von ›Transformationskern und kultureller Hülle‹ (Egon Becker)[13].« Die Bedeutung dieser drei Motive einer »Krise der gesellschaftlichen Naturverhältnisse« könnte allerdings erst in ihrer Ausformulierung und Umsetzung in (sozial)wissenschaftliche Forschungen wirklich verstanden und beurteilt werden.

Wird hier der essentialistische Bedeutungsgehalt in der Rede von Natur(zerstörung) durch entsprechendes *Experten- und Anti-Experten-Wissen* ersetzt, so hat Maarten Hajer in Auseinandersetzung mit der vor allem im angelsächsischen Sprachraum ausdifferenzierten Diskurs- und Kulturtheorie diese Wissensdimension zugleich analytisch und politisch radikalisiert. Damit erhält – nur scheinbar paradox – der naturalistisch-essentialistische Gehalt an der Rede von »Naturzerstörung« eine Wende zur *handlungsbezogenen Akteurs- und Institutionentheorie.* Ins Zentrum rücken nämlich vorgegebene Klassen-, Nationalstaats- und System-Grenzen übergreifende *»Diskurs-Koalitionen«.* Diese sind sozusagen diskursive Landschaftsarchitekten. Sie schaffen, gestalten und verändern »cognitive maps«, »story lines«, »taboos«. Wirklichkeit wird im strengen Sinne zum Handlungsprojekt und -produkt. Wobei eine bislang nicht klar ausargumentierte Doppeldeutigkeit in der Rede vom »Herstellen« der Wirklichkeit wichtig wird. Dieses kann zum einen im Schwerpunkt *kognitiv* gemeint sein, also *nur* auf die Konstruktion von Wissen zielen, zum anderen im engeren Sinne *Handlung* (Entscheidung, Arbeit, Produktion) einschließen, also produzierendes materiales Verändern, Gestalten von Wirklichkeiten meinen. So schwer diese zwei Bedeutungsaspekte von Herstellen im Konkreten oft gegeneinander abzugrenzen sind, sie verweisen doch auf unterschiedliche Arten der »Hervorbringung von Wirklichkeit«, der »Weltgestaltung«. Die

Leistung Hajers ist unter anderem, daß er den kognitivistischen Bias der Diskurs- und Kulturtheorie handlungs- und institutionentheoretisch korrigiert. Es geht damit nicht mehr nur darum, wie Wirklichkeiten in der Weltrisikogesellschaft (z. B. in der Öffentlichkeit, in den Massenmedien durch entsprechende Gefahrennachrichten) konstruiert werden, sondern auch darum, wie das An-Sich der Wirklichkeit durch diskursive Politik und Koalitionen in institutionellen Entscheidungs-, Handlungs- und Arbeitszusammenhängen (re)produziert wird.

Man kann »Wirklichkeits-Konstruktionen« sozusagen nach mehr oder weniger »Wirklichkeit« unterscheiden: Je näher an und in Institutionen (verstanden als die Institutionalisierung gesellschaftlicher Praktiken), desto machtvoller, entscheidungs-, handlungsnäher, also »wirklicher« sind (werden oder erscheinen) Wirklichkeitskonstruktionen. Essentialismus, wissenssoziologisch durchleuchtet und aufgelöst, verwandelt sich in eine Art macht- und handlungsorientierten Institutionalismus. In einer zivilisatorischen Welt, die alles in Entscheidungen auflöst, entsteht das »An-Sich« aus machtvollen Handlungsstrukturen, eingefleischten Entscheidungs- und Arbeitsroutinen, in denen »cognitive maps« »verwirklicht« oder eben umgestaltet werden. Die ungebrochene Art, wie im Alltag weiterhin von »Natur« und »Naturzerstörung« die Rede ist, verweist unter Umständen auf die paradoxe Strategie der Konstruktion der Dekonstruktion. So wird (mehr oder weniger) reflektiert und machtvoll der Anschein der Konstruktion zerstört und das (Als-Ob des) An-Sich hergestellt werden.

Obwohl Maarten Hajer diese Fragen nach den Möglichkeiten »wirklich wirklicher«, also dekonstruierter Konstruktionen gesellschaftlicher Wirklichkeit nur streift, arbeitet er heraus und veranschaulicht in international vergleichenden Fallstudien eine Fülle diskursiver (Politik)-Strategien: symbolische Strohfeuer-Politik, gezielte Ausgrenzung von Themen und Fragen als »unvergleichbar«; die Herstellung von Vertrauen durch die Verbildlichung und Sensualisierung von Gefahren; die diskursive Kreation von Makro-Akteuren; soziale Konstruktionen von Ignoranz; besonders wichtig, weil Indikator und Gradmesser für Macht: »black boxing«, d. h. die Herstellung von Selbstverständlichkeiten, die nun wirklich selbstverständlich sind; funktionale Analogisierungen, um Widersprüche zu überdecken und so integrierbar erscheinen zu lassen usw. »In my terms the ecological crisis is then a ›discourse of self-confrontation‹ that calls for a reconsideration of the institutional practices that brought it about.«[14]

4. JENSEITS DER VERSICHERBARKEIT

Vor diesem Hintergrund läßt sich die Theorie der Weltrisikogesellschaft weiter konkretisieren. Sie teilt den Abschied vom Dualismus von Gesellschaft und Natur, den Bruno Latour und Donna Haraway mit intellektueller Bravour vollziehen. Die Frage ist nur oder allerdings: Wie gehen wir mit der Natur *nach* ihrem Ende um? Diese Frage, die sowohl vom Ökofeminismus wie von der Krisentheorie gesellschaftlicher Naturverhältnisse verschieden beleuchtet und versuchsweise beantwortet wird, wird in der Theorie der Weltrisikogesellschaft – die politisch-institutionelle Wende der Diskurstheorie Maarten Hajers aufgreifend – im Sinne eines *institutionellen Konstruktivismus* weiter entwicklelt: »Natur« und »Naturzerstörung« werden in der industriell internalisierten Natur institutionell produziert und definiert. Ihr An-Sich, ihr essentieller Gehalt, korreliert mit institutioneller Handlungs- und Gestaltungsmacht. Produktion und Definition sind dabei zwei Aspekte der materialen *und* symbolischen »Herstellung« von »Natur-(Zerstörung)«, die – wenn man so will – auf Diskurs-Koalitionen innerhalb und zwischen ganz verschiedenen, letztlich global vernetzten Handlungszusammenhängen verweisen. *Wie* diese Differenz der »Natürlichkeit« der Natur, ihrer »Zerstörung«, ihrer »Renaturalisierung« innerinstitutionell und im Gegeneinander der Wissensakteure im einzelnen, mit welchen diskursiven und industriellen Ressourcen und Strategien hergestellt, verdrängt, normalisiert, integriert werden, bleibt Aufgabe zukünftiger Forschung.

Die Theorie der Weltrisikogesellschaft übersetzt die Frage nach den Naturzerstörungen in die Frage: Wie geht die moderne Gesellschaft mit selbstfabrizierten Unsicherheiten um? Ihre Pointe ist die Unterscheidung zwischen entscheidungsabhängig erzeugten Risiken, die im Prinzip kontrollierbar sind, und ebensolchen *Gefahren,* die den Kontrollanspruch der Industriegesellschaft unterlaufen bzw. aufgehoben haben und zwar mindestens in zweierlei Hinsicht: Erstens versagen die mit der

Industriegesellschaft entwickelten und perfektionierten Institutionen und Normen – Risikokalkül, Versicherungsprinzip, Unfallbegriff, Katastrophenschutz, vorsorgende Nachsorge. Gibt es dafür einen handlichen Indikator? Das ist der Fall: Umstrittene Industrien und Technologien sind nämlich oft solche, die nicht nur privat nicht versichert sind, sondern sich offenbar sogar der privaten Versicherbarkeit gänzlich entziehen. Dies gilt für die Kernenergie, für die Gentechnologie (auch Forschung), aber auch für weitere Bereiche hochriskanter chemischer Produktionen. Was für jeden Autofahrer selbstverständlich ist, nämlich sein Fahrzeug nur mit Versicherungsschutz zu benutzen, wurde angesichts der Not der Gefahren im Hochindustrialismus offenbar für ganze Industriezweige und Zukunftstechnologien klammheimlich suspendiert. Es gibt – anders gesagt – hochglaubwürdige »technologische Pessimisten«, die den Technikern und Betreibern, die die Harmlosigkeit ihrer Produktionen und Technologien behaupten, widersprechen: Versicherungsexperten und Versicherungsgesellschaften, deren ökonomischer Realismus es ihnen verbietet, das Mammutgeschäft mit dem angeblichen technischen »Nullrisiko« überhaupt einzugehen. Das heißt: Die Weltrisikogesellschaft balanciert und operiert *jenseits der Versicherbarkeitsgrenze*. Was umgekehrt heißt: Die Vorsorgekriterien der Industriemoderne im Umgang mit selbsterzeugten Gefahren können in Maßstäbe der Kritik umgemünzt werden.[15]

Zweitens gehören das Muster industriegesellschaftlicher Entscheidungen und die Globalität ihrer Summennebenfolgen zwei verschiedenen Epochen an: Sind die Entscheidungen der wissenschaftlichen, technisch-ökonomischen Dynamik noch nationalstaatlich und betrieblich organisiert, so sind wir in ihren bedrohlichen Folgen bereits heute alle Mitglieder einer Weltrisikogesellschaft. Die Sicherheit und Gesundheit der Bürger zu gewährleisten, ist im entfalteten Gefahrenindustrialismus keine nationalstaatlich zu lösende Aufgabe mehr. Dies ist eine der wesentlichen Lehren der ökologischen Krise. Mit dem ökologischen Diskurs wird das Ende der »Außenpolitik«, das Ende der »inneren Angelegenheiten eines anderen Landes«, das Ende des Nationalstaats alltäglich erfahrbar.

Zugleich wird hier eine Zentralstrategie der Herstellung von Differenz und Indifferenz erkennbar. Die etablierten Regeln der Zurechnung und Verantwortung – Kausalität und Schuld – versagen. Das heißt, deren unverdrossene Anwendung in Verwaltung, Management und Rechtsprechung bewirkt das Gegenteil: Die Gefahren wachsen durch ihre Anonymisierung. Anders formuliert: Die alten Entscheidungs-, Kontrollroutinen und Produktionsweisen (im Recht, in der Wissenschaft, Verwaltung, Industrie und Politik) erzeugen beides: die materiale Naturzerstörung *und* deren symbolische Normalisierung. Beides ergänzt und verschärft sich wechselseitig. Konkreter gesprochen: Nicht die Regelverletzung, sondern die Regel »normalisiert« das Arten-, Flüsse-, Meeressterben.

Diesen Zirkel zwischen symbolischer Normalisierung und dadurch auf Dauer gestellter materieller Gefährdung und Zerstörung meint der Begriff »organisierte Unverantwortlichkeit«: Verwaltung, Politik, Industriemanagement und Forschung handeln aus, was nach ihren immanenten Rationalitäts- und Sicherheitskriterien »rational und sicher« ist – mit der Folge: Das Ozonloch wächst, Allergien werden zur Massenkrankheit usw.

Neben der physischen Explosivität (und unabhängig von dieser) entsteht durch diskurs-strategisches Handeln potentiell eine *politische* Explosivität von Gefahren, die im Legitimationszirkel von Verwaltung, Politik, Recht und Management permanent normalisiert werden und daher ins unkontrollierbar Globale wachsen. Um es mit und gegen Max Weber zu formulieren: Die zweckrationale Bürokratie verwandelt Alltäterschaft in Freispruch – und gefährdet damit als ungewollte Nebenwirkung die Grundlagen ihres Rationalitäts- und Kontrollanspruchs.

An die Stelle der Rede von »Naturzerstörungen« tritt also in der Theorie der Weltrisikogesellschaft diese Schlüsselthese: Die Verwandlung der ungesehenen Nebenfolgen industrieller Produktion in globale ökologische Krisenherde ist gerade kein Problem der uns umgebenden Welt – kein sogenanntes »Umweltproblem« –, sondern *eine tiefgreifende Institutionenkrise der ersten, nationalstaatlichen Industriemoderne selbst* (»reflexive Modernisierung«). Solange diese Entwicklungen im Begriffshorizont der Industriegesellschaft gesehen werden, bleiben sie als negative Nebenfolgen scheinbar verantwortbaren und kalkulierbaren Handelns (»Restrisiken«) in ihren systemerodierenden, die Rationalitätsgrundlagen delegitimierenden Folgen unerkannt. Sie tre-

ten erst im Begriff und Blickwinkel der Weltrisikogesellschaft in ihrer zentralen politischen und kulturellen
Bedeutung hervor und machen auf die Notwendigkeit einer reflexiven Selbst- und Neubestimmung des westlichen Modells der Moderne aufmerksam. In der Phase
des Weltrisikogesellschafts-Diskurses setzt sich unter
Umständen die Auffassung durch, daß die mit der tech-
nisch-industriellen Entwicklung ausgelösten Gefahren
gemessen an den institutionalisierten Maßstäben unkal-
kulierbar und unkontrollierbar sind. Dies zwingt zur
Selbstreflexion auf die Grundlagen des demokratischen,
nationalstaatlichen, ökonomischen Modells der ersten
Moderne, zur Überprüfung geltender Institutionen (der
Externalisierung von Folgen in der Wirtschaft, im Recht,
in der Wissenschaft usw.), ihrer historisch entwerteten
Rationalitätsgrundlagen; ja hier entsteht eine globale
Herausforderung, aus der sich neue, weltweite Konflikt-
herde bis hin zu Kriegen, aber auch übernationale Institutionen der Kooperation, Konfliktregulierung, Konsens-
findung »schmieden« lassen (dazu später Abschnitt 5).

Auch für die Wirtschaft ändert sich die Lage radikal.
Es gab einmal eine Zeit – das frühkapitalistische Unter-
nehmerparadies –, da konnte die Industrie Projekte star-
ten, *ohne* sich besonderen Kontrollen und Absprachen
zu unterwerfen. Dann kam die Periode des staatlich
normierten Wirtschaftens, in der dies nur im Rahmen
von Arbeitsrecht, Sicherheitsverordnungen, Tarifver-
einbarungen usw. möglich war. In der Weltrisikogesellschaft, dies ist eine einschneidende Veränderung, kann
man alle diese Instanzen und Normen einbeziehen und

die so getroffenen Vereinbarungen halten, und doch stiftet dies keine Sicherheit mehr. Gerade das normenkonforme Management kann plötzlich an den Pranger der Weltöffentlichkeit gebunden und als »Umweltschwein« gegeißelt werden. Entsprechend werden Märkte für Produkte und Dienstleistungen prinzipiell, das heißt für die Unternehmen und Konzerne mit Hausmitteln unkontrollierbar instabil. Die Nomalreaktionen auf diese grundsätzlich veränderte Situation hergestellter Unsicherheit in den Kernzonen ökonomisch-rationalen Handelns und Steuerns sind das Abblocken der Zumutung, umzudenken und die Verurteilung des *trotzdem,* sozusagen vertragsdiskonform ausbrechenden Proteststurms als »irrational« und »hysterisch«. Dies ist der Einstieg in eine Serie von Fehlern: Im stolzen Gefühl, die überlegene Ratio in einem Meer des Irrationalen zu repräsentieren, tappt man in die Falle schwer beherrschbarer Risikokonflikte.[16]

In der Weltrisikogesellschaft werden Industrieprojekte zu einer *politischen* Unternehmung in dem Sinn, daß hohe Investitionen dauerhaften Konsens voraussetzen, dieser aber mit den alten Routinen einfacher Modernisierung nicht mehr gewährleistet, sondern gefährdet wird. Was bisher in Form von »Sachzwängen« hinter verschlossenen Türen ausgehandelt und exekutiert werden konnte – zum Beispiel Müllprobleme, die Entsorgung der Brent Spar, aber auch Produktionsweise, Produktplanungen usw. –, muß nun potentiell dem Kreuzfeuer öffentlicher Kritik standhalten.[17]

Denn auf die alte »Fortschrittskoalition« zwischen Verwaltung, Staat, Wirtschaft und Wissenschaft ist unter Umständen kein Verlaß mehr, weil die Industrie zwar Produktivität steigert, zugleich aber die Legitimität aufs Spiel setzt. Die Rechtsordnung stiftet keinen sozialen Frieden mehr, weil sie mit den Gefahren auch die Lebensbedrohungen verallgemeinert und legitimiert. Infolgedessen kommt es zu einer Umkehrung von Politik und Nichtpolitik: Das Politische wird unpolitisch und das Unpolitische politisch. Die Stunde der *Subpolitik* schlägt (siehe später Kapitel II).

5. EINE TYPOLOGIE GLOBALER GEFAHREN

In der Anwendung dieser Theorie lassen sich drei Arten globaler Gefahren unterscheiden:

Erstens Konflikte um »bads«, die als die Gegenseite von »goods« erzeugt werden, das heißt *reichtumsbedingte* ökologische Zerstörungen und technisch-industrielle Gefahren (wie das Ozonloch, der Treibhauseffekt, aber auch die unvorhersehbaren und unkalkulierbaren Folgen der Gentechnik und der Fortpflanzungsmedizin).

Zweitens *armutsbedingte* ökologische Zerstörungen und technisch-industrielle Gefahren. Es war die Brundtland-Kommission, die erstmals darauf hingewiesen hat, daß Umweltzerstörung nicht nur der Gefahrenschatten der Wachstumsmoderne ist, sondern ganz im Gegenteil auch ein enger Zusammenhang zwischen Armut und Umweltzerstörung besteht. »Die Ungleichheit ist das wichtigste ›Umwelt‹-Problem des Planeten; sie ist zugleich sein wichtigstes ›Entwicklungs‹-Problem.«[18] Folgerichtig zeigt eine integrierte Analyse zu Bevölkerungs- und Ernährungsweise, Verlust an Arten und genetischen Ressourcen, Energie, Industrie und menschlicher Besiedelung, daß all dies im Zusammenhang steht und nicht unabhängig voneinander behandelt werden kann.

»Zwischen Umweltzerstörung als Resultat von Wohlstand und Umweltzerstörung als Resultat von Armut«, schreibt Michael Zürn, »ist jedoch ein wesentlicher Unterschied hervorzuheben: Während viele der reichtumsbedingten ökologischen Gefährdungen aus der *Externalisierung von Produktionskosten* resultieren, handelt es sich bei der armutsbedingten ökologischen Zerstörung um eine *Selbstzerstörung der Armen* mit Nebenwirkungen auch für die Reichen. Mit aller Wahrscheinlichkeit: Reichtumsbedingte Umweltzerstörungen verteilen sich gleichmäßig auf dem Globus, während armutsbedingte Umweltzerstörungen vorrangig an Ort und Stelle anfallen und sich erst in Form von mittelfristig auftretenden Nebeneffekten internationalisieren.«[19] Das bekannteste Beispiel dafür ist das Abholzen der tropischen Regenwälder, wobei zur Zeit jährlich rund 17 Millionen Hektar Tropenwälder verlorengehen; andere Beispiele sind Giftmüll (auch importierter) und veraltete Großtechnologien (z. B. die chemische, aber auch die atomare Industrie, in Zukunft auch Genindustrien sowie gentechnische und humangenetische Forschungslabors). Diese Gefahren entstehen aus dem Kontext an- und abgebrochener Modernisierungsprozesse. So wachsen Industrien, die technologische Möglichkeiten zur Gefährdung von Umwelt und Leben haben, ohne daß diese Länder über die institutionellen und politischen Mittel verfügen, um die mögliche Zerstörung zu verhindern.

Handelt es sich bei reichtums- und armutsbedingten sozusagen um »Normalitäts«-Gefahren, die meistens regelkonform aus der Anwendung nicht vorhandener oder löchriger Normen der Vorsorge und Sicherheit entstehen, aber eben deshalb auch kontinuierlich in die Welt gesetzt werden, so sind drittens die Gefahren von *Massenvernichtungswaffen* (ABC-Waffen) in ihrem Einsatz (nicht in ihrem Drohpotential) an die Ausnahmesituation des Krieges gebunden. Auch nach dem Ende der Ost-West-Konfrontation sind die Gefahren regionaler oder globaler Selbstvernichtung durch nukleare, chemische oder biologische Waffen keineswegs gebannt, eher im Gegenteil aus der Kontrollstruktur – dem »atomaren Patt« der Supermächte – ausgebrochen. Zu den Gefahren der militärisch-staatlichen Konfrontation addieren sich die Gefahren eines (sich abzeichnenden) fundamentalistischen oder privaten Terrorismus. Es ist immer weniger auszuschließen, daß in Zukunft nicht nur staatlich-militärische, sondern auch private Verfügung über Massenvernichtungsmittel sowie die damit erreichbaren (politischen) Drohpotentiale zu einer neuartigen Gefahrenquelle der Weltrisikogesellschaft werden.

Diese verschiedenen globalen Gefahrenherde können und werden sich nun sehr wohl ergänzen und verschärfen; das heißt, man wird nach den Wechselwirkungen zwischen ökologischer Zerstörung, Kriegen und den Auswirkungen abgebrochener Modernisierung fragen müssen: In welcher Weise begünstigen ökologische Zerstörungen Kriege – sei es, daß ein bewaffneter Konflikt um die lebensnotwendigen Ressourcen (z. B. Wasser) ausbricht, sei es, daß ökologische Fundamentalisten im Westen nach dem Einsatz militärischer Gewalt rufen, um laufende Zerstörungen zu stoppen (wie dies z. B. zur Beendigung des Abholzens der Tropenwälder gefordert wurde)? Es ist leicht vorstellbar, daß ein Land, das in wachsender Armut lebt, die Umwelt bis zum letzten ausbeuten wird. In der Verzweiflung (oder auch zur politischen Verschleierung der Verzweiflung) mag auch mit Waffengewalt nach fremden Ressourcen des Überlebens gegriffen werden. Ökologische Zerstörungen (z. B. das Überfluten Bangladeschs) können Massenfluchtbewegungen auslösen, die ihrerseits in kriegerische Konflikte münden. Oder im Krieg befindliche, von Niederlagen bedrohte Staaten mögen zum »letzten Mittel«, der Selbst- und Fremdvernichtung von Atom- und Chemiewerken greifen, um angrenzende Regionen und Großstädte mit atomarer Vernichtung zu bedrohen. Der Phantasie, Horrorszenarien, welche die Gefahrenquellen zueinander in Beziehung setzen, zu konstruieren, sind keine Grenzen gesetzt. Zürn spricht von einer »Zerstörungenspirale«, deren Aufschaukelungseffekte sich zu einer großen Krise addieren können, in die alle anderen Krisenerscheinungen einmünden.[20]

Alles dies bestätigt die Diagnose der Weltrisikogesellschaft. Denn die genannten globalen Gefährdungen haben in ihrer Summe zu einer Welt geführt, in der die Grundlagen der etablierten Risikologik unterlaufen und außer Kraft gesetzt sind, in der statt berechenbaren Risiken nur noch schwer kontrollierbare Gefahren herrschen. Die neuen Gefahren heben tragende Säulen des herkömmlichen Sicherheitskalküls auf: Schäden verlieren ihre raum-zeitliche Beschränkung – sie sind global und nachhaltig; Schäden sind kaum mehr bestimmten Verantwortlichen zuzuschreiben – das Verursacherprinzip verliert an Trennungsschärfe; Schäden können auch nicht mehr finanziell kompensiert werden – es ist sinnlos, sich gegen die Worst-case-Auswirkungen der globalen Bedrohungsspirale zu versichern. Folglich existieren auch keine Pläne für die Nachsorge, falls der schlimmste Fall eintreten sollte.

Schon an dieser Betrachtung wird deutlich, daß es globale Gefahren als solche nicht gibt, daß sie vielmehr untermischt und bis zur Unkenntlichkeit aufgeladen werden mit den Armuts-, ethnischen und Nationalitätskonflikten, welche die Welt insbesondere nach dem Ende der Ost-West-Konflikt-Ordnung heimsuchen. Darauf hat u. a. Eva Senghaas-Knobloch hingewiesen. So verbindet sich in den nachsowjetischen Republiken die schonungslose Diagnose von Umweltzerstörungen mit der politischen Kritik imperialer Nutzung natürlicher Ressourcen. Die Rede vom »eigenen Boden« wird in diesem Sinne zur gleichzeitigen Beanspruchung des Rechts auf natürliche Ressourcen *und* nationaler Souveränität.

»Es ist kein Zufall, wenn militante, separatistische Autonomiebewegungen in den verschiedenen Republiken der Sowjetunion, wie in der Bretagne, in Okzitanien, auf Korsika, sich in der Regel um zwei Motive sammeln: das Motiv der Sprache und das Motiv der Erhaltung der natürlichen Umwelt; beides Motive von Heimatschutz, die sich zunächst gegen die Folgen eines industriellen Entwicklungsmodells richten, die als ökonomisch ungerecht erlebt werden, die sich dann aber auch mit kulturellen Identitätsfragen verbinden (...) Die neuen Konfliktlinien (...) sind nicht in erster Linie entlang der Achse ›Risikogewinner‹ und ›Risikoverlierer‹ begründet. Insoweit diese Achse einen Sinn macht, wird es hier eher zu großen Flüchtlingsströmen kommen, die im Ergebnis dann allerdings zu neuen sozialen, politischen und kulturellen Konflikten beitragen können. Das Bewußtsein von Umweltschäden und Gefahren für die natürlichen Lebensbedingungen verbindet sich vielmehr regional und lokal mit Autonomiebestrebungen und Gerechtigkeitsansprüchen. Diese Verbindung führt insbesondere in Regionen, in denen sich bisher eine eigenständige ›civil society‹ nicht entfalten konnte, vor allem also in den ›etatistischen Gesellschaften‹ des frühen Ostblocks«[21] zur Aufladung globaler Gefahren mit ethnonationalistischen, teils militanten Abgrenzungskonflikten.

II. Anzeichen, Entstehungbedingungen und Ausdrucksformen einer Weltöffentlichkeit und einer globalen Subpolitik

1. ZUM BEGRIFF DER SUBPOLITIK

Von einer Weltrisikogesellschaft zu sprechen, erfordert allerdings auch, daß die globalen Gefährdungen handlungsstiftend sind bzw. werden. Dabei lassen sich zwei

Gesichtspunkte – Arenen, Akteure – unterscheiden: einmal Globalisierung *von oben* (z. B. die Ausbildung internationaler Verträge und Institutionen), zum anderen Globalisierung *von unten* (z. B. neue transnationale Akteure jenseits des politisch-parlamentarischen Systems, die die etablierten Politik- und Interessensorganisationen in Frage stellen). Für beides – Globalisierung von oben und von unten – sprechen gewichtige Tatsachen. So läßt sich zeigen, daß die Mehrzahl der internationalen Umweltvereinbarungen in einer äußerst kurzen Zeitspanne, nämlich während der letzten zwei Jahrzehnte, geschlossen wurden.[22]

Richard Falk nennt eine Reihe von Politik-Arenen, in denen Globalisierung von oben verhandelt und vorangetrieben werden: »The response to threats against strategic oil reserves in the Middle East, the efforts to expand the GATT framework, the coercive implementation of the nuclear nonproliferation regime, the containment of South-North migration and refugees flows (...) The law implications of globalisation-from-above would tend to supplant interstate law with a species of global law, but one at odds in most respects with ›the law of humanity‹.«[23]

Es bedarf kaum eines weiteren Nachweises, daß es sich bislang im Feld globaler Umweltpolitik – bestenfalls – um den legendären Tropfen auf den heißen Stein handelt. Doch zugleich wurde durch spektakuläre interkulturelle, globale Boykott-Bewegungen deutlich, daß die Ohnmacht offizieller Politik gegenüber dem industriellen Block die Ohnmacht gegenüber dem klassischen Setting ist. Es sind nämlich inzwischen auch machtvolle Akteure einer Globalisierung *von unten* hervorgetreten, insbesondere Non-Governmental Organizations (NGOs) – wie etwa Robin Wood, Greenpeace, amnesty international, terre des hommes. Die UNO schätzt, daß es inzwischen etwa 50.000 dieser Gruppen auf der Welt gibt, aber das besagt wenig, da (fast) jede anders ist. »Die Zeit« spricht von der »Neuen Internationale« (Martin Merz und Christian Wernicke, 25. 8. 95, S. 9ff), die zwar per definitionem zwischen den Stühlen, zwischen Markt und Staat sitzt und agiert, aber als dritte Kraft zunehmend an Einfluß gewinnt, gegenüber Regierungen, internationalen Konzernen und Behörden ihre politische Muskelkraft beweist. Hier zeigen sich in ersten Umrissen die Züge einer »global citizenship« (Richard Falk und Bart van Steenbergen) – oder wie wir sagen wollen: die neue Konstellation einer globalen Subpolitik. Wodurch diese entsteht, möglich wird, soll nun untersucht werden.

Mit dem Siegeszug der Industriemoderne setzt sich überall eine zweckrationale Ordnungspolitik durch. Das Selbstverständnis dieser Epoche wird getragen von einer Alles-im-Griff-Mentalität, die auch das selbsterzeugte Unkontrollierbare für kontrollierbar hält. Allerdings: Die Durchsetzung dieser Ordnungs- und Kontrollform bewirkt ihr Gegenteil – die Wiederkehr von Ungewißheit und Unsicherheit. Es entstehen Gefahren »zweiter Ordnung« (Wolfgang Bonß) als Kehrseite aller Versuche, diese »in den Griff« zu bekommen. So öffnet sich – ungewollt im Sichtschatten der »Nebenfolgen« globaler

Gefahren – die Gesellschaft ins (Sub)Politische: In allen Handlungsfeldern – in der Wirtschaft ebenso wie in der Wissenschaft, in Privatheit und Familie wie in Politik – geraten die Handlungsgrundlagen in die Entscheidung, müssen neu gerechtfertigt, verhandelt, austariert werden. Wie läßt sich dies begrifflich fassen?

»Krise« paßt dafür ebensowenig wie »Dysfunktion« oder »Auflösung«, denn es sind ja gerade die *Siege* ungehemmter Industriemodernisierung, welche diese dauerhaft in Frage stellen. Genau dies meint »reflexive Modernisierung« – theoretisch: Selbstanwendung, empirisch: Selbsttransformation (z. B. durch Individualisierungs- und Globalisierungsprozesse), politisch: Legitimationsverfall und Machtvakuum; was das heißt, läßt sich mit dem Staatstheoretiker Thomas Hobbes verdeutlichen. Dieser plädiert bekanntlich für einen starken, autoritären Staat, nennt aber ein individuelles Widerstandsrecht der Bürger. Wenn ein Staat lebensgefährdende Verhältnisse erzeugt oder duldet, so daß der Bürger »sich der Nahrungsmittel, der Arznei, der Luft und dessen, was sonst zur Erhaltung des Lebens nötig ist, enthalten soll«, dann, so Hobbes, »steht es dem Bürger frei, das zu verweigern.«[24]

Gesellschaftspolitisch gewendet, handelt es sich bei der ökologischen Krise also um eine *systematische Verletzung von Grundrechten,* um eine Grundrechtskrise, deren gesellschaftlich labilisierende Langzeitwirkung kaum überschätzt werden kann. Denn Gefahren werden industriell erzeugt, ökonomisch externalisiert, juristisch individualisiert, naturwissenschaftlich legitimiert und politisch verharmlost. Daß dadurch Macht und Glaubwürdigkeit der Institutionen zerfällt, tritt erst dann hervor, wenn das System auf die Probe gestellt wird, wie dies z. B. Greenpeace gezielt tut: Subpolitisierung der Weltgesellschaft.

Der Begriff »Subpolitik« zielt auf Politik jenseits der repräsentativen Institutionen des nationalstaatlichen politischen Systems. Er lenkt die Aufmerksamkeit auf Anzeichen für eine (letztlich globale) Selbstorganisation von Politik, die tendenziell alle gesellschaftlichen Felder in Bewegung setzt. Subpolitik meint *»direkte«* Politik, das heißt punktuelle individuelle Teilhabe an politischen Entscheidungen, vorbei an den Institutionen repräsentativer Willensbildung (politische Parteien, Parlamente), oft sogar ohne rechtliche Sicherungen. Subpolitik meint, anders gesagt, Gesellschaftsgestaltung von unten. Dadurch geraten Wirtschaft, Wissenschaft, Beruf, Alltag, Privatheit in die Stürme politischer Auseinandersetzungen. Diese gehorchen allerdings nicht dem überkommenen Spektrum parteipolitischer Gegensätze. Insofern sind für weltgesellschaftliche Subpolitik *punktuelle, themenspezifische »Koalitionen der Gegensätze«* (der politischen Parteien, Nationen, Regionen, Religionen, Regierungen, Rebellen, Klassen) geradezu charakteristisch. Entscheidend aber ist, daß auf diese Weise Subpolitik Politik freisetzt, indem sie die Regeln und Grenzen des Politischen verschiebt, öffnet, vernetzt sowie verhandelbar und gestaltbar macht.

2. Symbolisch inszenierter Massenboykott: eine Fallstudie globaler Subpolitik

Im Sommer 1995 hat der moderne Ritterkreuzträger für die gute Sache, Greenpeace, zunächst erfolgreich den Ölmulti Shell dazu gebracht, eine abgewrackte Bohrinsel nicht im Atlantik zu versenken, sondern an Land zu entsorgen; dann hat dieser multinationale Aktionskonzern für gezielte Regelverletzungen den französischen Staatspräsidenten Chirac öffentlich an den Pranger gestellt, um so die Wiederaufnahme französischer Atomtests zu verhindern. Viele fragen: Werden nicht grundlegende Regeln der (Außen)Politik ausgehebelt, wenn ein unautorisierter Akteur wie Greenpeace seine eigene Weltinnenpolitik ohne Rücksicht auf nationale Souveränität und diplomatische Normen betreibt? Morgen kommt vielleicht die Moon-Sekte und übermorgen eine dritte private Organisation, die auf ihre Weise die Allgemeinheit beglücken wollen.

Dabei wird verkannt: Nicht Greepeace hat den Ölkonzern in die Knie gezwungen, sondern der massenhafte Boykott der Bürger, vermittelt über die inszenierte weltweite Fernseh-Anklage. Nicht Greenpeace erschüttert das politische System, sondern Greenpeace macht das entstandene Legitimations- und Machtvakuum des politischen Systems sichtbar, das in manchem durchaus Parallelen zu dem hat, was in der DDR geschah.

Durchgängig zeigt sich dabei dieses Koalitionsmuster globaler Sub- oder Direkt-Politik: Es entstehen Bündnisse der »eigentlich« Nicht-Bündnisfähigen. So hat

Bundeskanzler Helmut Kohl im Sinn eines direkten Bürgerprotests des Regierungschefs die Greenpeace-Aktion selbst gegen den britischen Premier Major unterstützt. Plötzlich werden politische Momente im Alltagshandeln aufgedeckt und eingesetzt – zum Beispiel im Tanken. Autofahrer verbünden sich gegen die Ölindustrie (das muß man sich erst einmal »auf der Zunge zergehen lassen«). Am Ende koaliert die Staatsmacht mit der illegitimen Aktion und ihren Organisatoren. Auf diese Weise wurde mit den Mitteln staatsmächtiger Legitimität der Bruch mit dieser, nämlich die gezielte, außerparlamentarische Regelverletzung einer Direkt-Politik gerechtfertigt, die sich gerade dem engen Rahmen indirekter rechtsstaatlicher Instanzen und Regeln mit einer Art »ökologischer Selbstjustiz« zu entziehen versucht. Es vollzog sich mit dem Anti-Shell-Bündnis schließlich ein Szenenwechsel zwischen der Politik der ersten und der zweiten Moderne: Die nationalstaatlichen Regierungen saßen auf der Zuschauerbank, während nicht-autorisierte Akteure der zweiten Moderne in eigener Regie das Geschehen bestimmten.

Im Fall der weltweiten Anti-Atomtest-Bewegung gegen die Entscheidung des französischen Staatspräsidenten Chirac, diese Tests wieder aufzunehmen, kommt es sogar spontan zu einem globalen Bündnis zwischen Regierungen, Greenpeace-Akteuren und verschiedenartigsten Protest-Gruppen. Die französische Fehleinschätzung der Lage spiegelt sich in zwei Ergeignissen wider: dem zeitlichen Zusammentreffen der Mururoa-Entscheidung mit dem Gedenken an den fünfzigsten Jahrestag von Hiroshima und Nagasaki sowie in der einhelligen Verurteilung dieses Unterfangens durch das Asean-Forum, an der sich obendrein auch noch die USA und Rußland beteiligten. Inzwischen haben neben der Ausrufung »champagnerfreier Zonen« auch internationale Bischofskonferenzen, Tagungen der nordischen Regierungschefs sich dem Protest angeschlossen. Alles dies verweist auf ein nationalstaatliche, ökonomische, religiöse und politisch-ideologische Gegensätze übergreifendes Augenblicks-Bündnis direkter Politik. Was z. B. das Europäische Parlament oder die sowieso ruhige innerfranzösische Öffentlichkeit niemals vermocht hätte, scheint dieser globalen Koalition der Widersprüche und ihrer symbolischen und ökonomischen Macht zu gelingen: Schon jetzt (Mitte August 1995) ist die französische Regierung eingeknickt. Setzt sie doch alles daran, der »Friedensflotten«-Internationale den Wind aus den Segeln zu nehmen: Mururoa soll nach der bevorstehenden Versuchsserie nie wieder als Testgelände für Atomwaffen herhalten müssen, sogar »reparadisiert«, in eine Ferieninsel zurückverwandelt werden. Es bedarf wenig Kaffeesatz-Leserei, um angesichts dieses Machtpotentials direkter globaler Politik vorauszusagen, daß dies noch nicht das letzte Rückzugsangebot sein wird. Hier wird zugleich deutlich: Ein besonderes Merkmal dieser Politik der zweiten Moderne liegt darin, daß ihre »Globalität« nicht nur sozial, sondern auch moralisch-ideologisch praktisch niemanden und nichts ausschließt. Es handelt sich – zu Ende gedacht – um eine Art »feindloser Politik«, um eine Politik *ohne Gegner und Gegenwehr*.

Das politisch Neue ist also nicht, daß David Goliath besiegt hat. Sondern daß David *plus Goliath,* und zwar global, sich zunächst gegen einen Weltkonzern, das andere Mal gegen eine nationale Regierung und ihre Politik erfolgreich verbündet haben. Neu ist das Bündnis zwischen außerparlamentarischen und parlamentarischen Gewalten, Bürgern und Regierungen rund um den Globus für eine im höheren Sinn legitime Sache: die Rettung der (Um)Welt.

Hier zeigt sich: Die nachtraditionale Welt zerfällt nur scheinbar in anomische Individualisierungen. Sie besitzt – paradox genug – mit den Herausforderungen globaler Gefahren auch einen Jungbrunnen für transnationale Remoralisierungen, Aktivierungen, Protestformen und -foren – und Hysterien. An die Stelle des Standes- und Klassenbewußtseins, des Fortschritts- oder Untergangsglaubens und des Feindbilds des Kommunismus könnte das Menschheitsprojekt der Rettung der (Um)Welt treten. Globale Gefahren stiften globale Gemeinschaften, wenigstens punktuell und für den historischen Augenblick.

Selbstverständlich war z. B. das Anti-Shell-Bündnis moralisch halbseiden und verdächtig. Beruhte es doch ganz unverblümt auf Scheinheiligkeit. Helmut Kohl beispielsweise konnte mit dieser symbolischen Handlung, die ihn gar nichts kostete, darüber hinwegtäuschen, daß er mit seiner ungebremsten Hochgeschwindigkeitspolitik auf deutschen Autobahnen die Luft in Europa verpestet.

Auch deutsch-grüner Nationalismus und Besserwisserei meldeten sich hier untergründig zu Wort. Viele Deutsche wollen eine Art grüne Großschweiz. Sie träumen von einem Deutschland des ökologischen Weltgewissens. Trat hier nicht eine zweite, nun ökologisch motivierte »Wiedergutmachung« aus den Kulissen, untermischt mit »Wiederüberlegenheit«, dieses Mal in Umweltfragen, die alles andere sind als Umweltfragen, nämlich eine Art Neureligion der säkularisierten und individualisierten Gesellschaft? Was wäre, wenn Greenpeace international eines Tages zum Boykott gegen Mercedes und Volkswagen aufriefe, um endlich den Hochgeschwindigkeitsterror auf deutschen Autobahnen zu brechen und dafür die Unterstützung der Schweiz, Schwedens, Dänemarks, Österreichs, aber auch Frankreichs erhielte, weil Frankreich sich ganz unökologisch-nüchtern Vorteile auf dem europäischen Automarkt erhofft und für diese Zwecke wahrscheinlich sogar bereit wäre, die Kröte Greenpeace zu schlucken? Doch die Lehren der Politik sind andere als die der Moral. Gerade in diesem Bündnis der sich ausschließenden Überzeugungen – von Bundeskanzler Kohl bis zur Greenpeace-Kämpferin, vom Porsche-Fetischisten bis zum Brandsatz-Werfer – zeigt sich die neue Qualität des Politischen.

Auch für die Wirtschaft hat sich die Situation radikal geändert. Shell hat beispielsweise aus seiner Sicht alles getan, um das Problem zu kontrollieren. Man hatte einen Konsens mit Regierung, Experten und Verwaltung erzeugt, der hieß: Versenkung im Meer, und dies war für sie die optimale Lösung. Als sie sie praktizieren wollten, geschah genau das Gegenteil – die Märkte drohten zusammenzubrechen. Die Lehre lautet: Es gibt

53

in Risikodiskursen keine Expertenlösungen, weil Experten immer nur Sachinformationen zur Verfügung stellen können, aber niemals werten können, welche dieser Lösungen kulturell akzeptabel sind.

Auch dies ist das Neue: Politik und Moral erobern eine Priorität gegenüber der Expertenrationalität. Ob man mit dieser Politisierung über das jeweilige »single issue« hinaus eine maßgebliche Umweltpolitik betreiben kann, ist eine ganz andere Frage. Hier liegen wahrscheinlich die Grenzen globaler Subpolitisierung, die gerade nicht mit nationaler Regierungspolitik verwechselt werden darf. Umgekehrt ist diese Entwicklung keineswegs als irrational anzusehen, weil sie alle Merkmale einer republikanischen Moderne im Unterschied zur repräsentativen, nationalstaatlich-parlamentarischen Parteiendemokratie aufweist: Das Handeln von Weltkonzernen und nationalen Regierungen gerät unter den Druck einer Weltöffentlichkeit. Dabei ist die individuell-kollektive Partizipation in globalen Handlungszusammenhängen entscheidend und bemerkenswert: Der Bürger entdeckt den Kaufakt als direkten Stimmzettel, den er immer und überall politisch anwenden kann. Im Boykott verbindet und verbündet sich derart die aktive Konsumgesellschaft mit der direkten Demokratie – und dies weltweit.

Das kommt – exemplarisch – dem nahe, was Kant vor genau 200 Jahren in seiner Schrift »Zum ewigen Frieden« als Utopie einer Weltbürgergesellschaft entworfen und der repräsentativen Demokratie, die er »despotisch« nannte, gegenübergestellt hat: ein globaler Verantwortungszusammenhang, in dem die einzelnen – und nicht nur ihre organisatorischen Repräsentanten – direkt an politischen Entscheidungen teilnehmen können. Damit wird zugleich greifbar, was gegenwärtig in den USA als »technological citizenship« diskutiert und gefordert wird: das Einklagen demokratischer Grundrechte gegen die »Niemandsherrschaft« technologischer Entwicklungen.

In seinem Buch »Autonomous Technology« zieht Langdon Winner den Schluß, daß die meisten sozialwissenschaftlichen Analysen der Technikentwicklung den Unterschied zwischen den Aussagen verkennen, »technology *requires* legislation« und »technology *is* legislation«.[25] Lewis Munford hat vor mehr als 30 Jahren geschrieben, großtechnische Systeme seien die einflußreichsten Formen und Quellen der Tyrannei in der Moderne. Soziale Autonomie, argumentiert Andrew Zimmerman in diesem Sinn, wird unterhöhlt durch technologische Autonomie. In der ersten Moderne ist das Wohlbefinden und die »Freiheit« der Bürger eine Funktion des Wohlbefindens und der Freiheit technischer Systeme.[26] Dagegen wird der Anspruch auf technologische Partizipation geltend gemacht: »The status of technological citizenship may be enjoyed at the national, state, local, or global level or at levels in between. Hence one can be a technological citizen of (...) the Chernobyl ecosphere of the plastic explosives production and use ›noöspere‹ – which is global in scale – of a particular nuclear-free zone in the noncontiguous network of them, of the realm covered by the nonproliferation treaty (...) Currently, there is no there there, and there is no of many of these realms of impacts of technologies to make these ›realms‹ – let alone citizenship within them – meaningful. However, one *would* be a technological citizen *of* any of these spheres of impact *if* their inhabitants deigned to create a set of agencies, a cocoon of protections or benefits, or a cocoon of rights and responsibilities granting subjects status in relation to impacts of technologies with a specific overarching purpose.« (Philip J. Frankenfeld)[27]

Als normativ überschießende Ziele der »citizenship« nennt Frankenfeld: »(1) autonomy, (2) dignity, and (3) assimilation – versus alienation – of members of the polity« (462). Dies schließt infolgedessen ein: »1. rights to knowledge or information; 2. rights to participation; 3. rights to guarantees of informed consent; and 4. rights to the limitation on the total amount of endangerment of collectivities and individuals« (465).

Die Direktheit der globalen technologischen Partizipation stellt sich z. B. in der *Einheit von Kaufakt und Stimmzettel* her. Hier gibt es keine organisatorischen Zwischeninstanzen, keine repräsentativen Willensvermittlungen, keine Bürokratie, keine Eintragungen ins Wählerverzeichnis, keine Käufer-Polizei, keine Wasserwerfer, keine Demonstrationsanmeldeformulare! Das ist eine direkte anarchistische Überall-und-immer-Politik und Protestform, die die einzelnen oft nichts kostet, sozusagen in den Küchenzettel integrierbar ist. So kann Politik zum integralen Bestandteil des Alltagshandelns werden und zugleich zu einer aktiven Integration in die (posttraditionale) kosmopolitische (Un)Ordnung beitragen.

Doch was sind die Orte, die Instrumente und Medien dieser direkten Politik einer »global technological citizenship«? Der politische Ort der Weltrisikogesellschaft ist nicht die Straße, sondern das *Fernsehen.* Ihr politisches Subjekt ist nicht die Arbeiterschaft und ihre Organisation, nicht die Gewerkschaft. An diese Stelle tritt die *massenmediale Inszenierung kultureller Symbole,* an denen sich das angesammelte schlechte Gewissen der industriegesellschaftlichen Akteure und Konsumenten entladen kann. Diese Einschätzung kann von drei Seiten her veranschaulicht werden:

In der abstrakten Allgegenwart von Gefahren sind erstens Zerstörung und Protest symbolisch vermittelt. Zweitens: Im Handeln gegen die ökologische Zerstörung ist jeder auch sein eigener Gegner. Drittens erzeugt, züchtet die ökologische Krise ein kulturelles Rotkreuzbewußtsein. Wer, wie Greenpeace, dieses auf seine Fahnen schreibt, wird in den ökologischen Adelsstand gehoben und mit einem fast grenzenlosen Blankoscheck an Vertrauen belohnt. Was den Vorteil hat, daß im Zweifelsfall seinen und nicht den Informationen der Industrieakteure geglaubt wird.

Hier liegt eine zentrale Grenze direkter Politik: Der Mensch ist ein in den »Wäldern von Symbolen« (Baudelaire) verirrtes Kind. Anders gesagt: Er ist auf die symbolische Politik der Medien angewiesen. Dies gilt gerade in der Abstraktheit und Allgegenwart der Zerstörung, die die Weltrisikogesellschaft in Gang hält. Hier gewinnen erfahrbare, vereinfachende Symbole, in denen kulturelle Nervenstränge berührt und alarmiert werden, eine politische Schlüsselbedeutung. Diese Symbole müssen hergestellt, geschmiedet werden, und zwar im offenen Feuer der Konfliktprovokation, vor den gespannt-entsetzten Fernsehaugen der Öffentlichkeit. Die entscheidende Frage lautet: Wer (er)findet wie Symbole, die einerseits den strukturellen Charakter der Probleme aufdecken, aufzeigen, andererseits handlungsfähig machen? Letzteres dürfte umso besser gelingen, je einfacher und eingängiger das inszenierte Symbol ist, je weniger Kosten das Protesthandeln der mobilisierten Öffentlichkeit für den einzelnen verursacht, und je leichter jeder dadurch sein eigenes Gewissen entlasten kann.

Einfachheit meint vieles. Erstens *Übertragbarkeit:* Wir alle sind Umweltsünder; ebenso wie Shell die Ölinsel im Meer versenken wollte, juckt es »uns alle« in den Fingern, Cola-Dosen aus dem fahrenden Auto zu werfen. Es ist die Jedermann-Situation, die den Shell-Fall (der sozialen Konstruktion nach) so »durchsichtig« macht. Mit dem allerdings wesentlichen Unterschied, daß offenbar mit der Größe der Sünde die Wahrscheinlichkeit des amtlichen Freispruchs lockt. Zweitens *moralischer Aufschrei:* »Die da oben« dürfen mit dem Segen der Regierung und ihrer Experten eine mit Giftmüll angefüllte Ölbohrinsel im Atlantik versenken, während »wir hier unten« zur Rettung der Welt jeden Teebeutel dreiteilen müssen in Papier, Faden und Blättermasse, um diese getrennt zu entsorgen. Drittens *politische Opportunität:* Wird Kohl auch bei den Greenpeace-Aktionen gegen die Atomwaffenversuche Frankreichs für diese Partei ergreifen und bei Chirac für den Abbruch der Versuche intervenieren? Wohl kaum. Denn hier geht es um einen nationalen Machtpoker und eben nicht nur um die Marktinteressen von Shell. Viertens *einfache Handlungsalternativen:* Um Shell zu treffen, mußte und konnte man »moralisch gutes« Benzin bei der Konkurrenz tanken. Wenn Regierungen weltweit den Boykott französischer Produkte anführen, bekommt das Ganze natürlich eine neue Dimension. Fünftens *ökologischer Ablaßhandel:* Der Boykott gewinnt mit dem schlechten Gewissen der Industriegesellschaft an Bedeutung, weil durch ihn eine Art »ego te absolvo« ohne eigene Kosten in eigener Regie erteilt werden kann.

Globale ökologische Gefahren, weit davon entfernt, eine allgemeine Sinnlosigkeit und Sinnleere der Moderne zu verschärfen, erschaffen einen Sinnhorizont des Vermeidens, Abwehrens, Helfens, ein mit der Größe der wahrgenommenen Gefahr sich verschärfendes moralisches Klima, in dem die dramatischen Rollen von Heroen und Schurken eine neue politische Bedeutung bekommen. Die Wahrnehmung der Welt in den Koordinaten ökologisch-industrieller Selbstgefährdung läßt Moral, Religion, Fundamentalismus, Aussichtslosigkeit, Tragik und Tragikomödie – verflochten immer mit dem Gegenteil: Rettung, Hilfe, Befreiung – zu einem Universaldrama werden. Der Wirtschaft steht es frei, in dieser weltweiten Tragikomödie entweder die Rolle des Giftmischers zu übernehmen oder aber in die des Helden und Helfers zu schlüpfen. Genau dies ist der Hintergrund, vor dem es Greenpeace gelingt, sich mit Listen der Ohnmacht in Szene zu setzen. Greenpeace verfolgt eine Art *Judo-Politik,* die das Ziel hat, die Übermacht der Umweltsünder gegen diese selbst zu mobilisieren.

Die Greenpeace-Leute sind multinationale Medienprofis, die wissen, wie Fallen des Selbstwiderspruchs zwischen Verkündung und Verletzung von Sicherheits- und Kontrollnormen so aufgestellt werden müßten, daß die Großen (Konzerne, Regierungen) machtblind hineintappen und zum Vergnügen der Weltöffentlichkeit telegen darin zappeln. Thoreau und Gandhi hätten ihre Freude, denn Greenpeace inszeniert den weltweiten zivilen Massenwiderstand im und mit den Mitteln des Medienzeitalters. Greenpeace ist zugleich eine politische Symbolschmiede. Hier werden mit den Kunstmitteln des Schwarz-Weiß-Konflikts kulturelle Sünden und Sündensymbole geschmiedet, welche die Proteste bündeln und zum Blitzableiter des kollektiv schlechten Gewissens werden können. So werden in der feindlosen Demokratie (nach dem Ende der Ost-West-Feindbilder) neue Eindeutigkeiten und Wut-Ventile konstruiert. Das ist und bleibt Teil des Weltrummelplatzes symbolischer Politik. Was ändert sich schon am Zustand der Welt, wenn die Bohrinsel an Land entsorgt wird? Wenn die französischen Atomtests schließlich nicht stattfinden? Ist das Ganze also nicht geradezu eine lächerliche Ablenkung von den zentralen Herausforderungen der Weltrisikogesellschaft?

Doch wenn man nicht das jeweilige »single issue«, sondern die neue politische Konstellation ins Auge faßt, zeigt sich das Anspornende eines Erfolgserlebnisses: Im spielerischen Zusammenschluß der Gegensätze zum überkulturellen zivilen Widerstand erfährt eine Weltbürgergesellschaft ihre direkte Macht. Bekanntlich ist nichts so ansteckend wie der Erfolg. Wer dem Mitreißenden auf die Spur kommen will, entdeckt, daß hier Massensport und Politik im globalen Maßstab direkt miteinander verschmelzen. Es handelt sich sozusagen um einen Polit-Boxkampf mit aktiver Zuschauerbeteiligung, weltweit, über viele Wochen-Runden bis zum K. o. des französischen Präsidenten Chirac und seiner »Grande Nation«. Damit kann ein normales Fernsehunterhaltungsprogramm nicht konkurrieren, nicht nur fehlt jenem der Extra-Kick des Realen, sondern auch der ökologische Glorienschein des modernen Weltrettertums, das letztlich kein Dagegen, keine Opposition mehr kennt. Jedenfalls wird an *dieser* Fallstudie deutlich, daß die verbreitete Rede vom Ende der Politik, der Demokratie, vom Verfall aller Werte, der ganze Kanon der Kulturkritik töricht, weil historisch blind ist. Die Menschen müssen nur einen Zipfel direkter Teilhabe mit »erfahrbarem« Erfolg in die Hände bekommen – und sie sind dabei.

Mit dem Bewußtwerden der Gefahren wird die Weltrisikogesellschaft selbstkritisch. Ihre Grundlagen, Koordinaten und vorgestanzten Koalitionen geraten in Bewegung. Das Politische bricht neu, andersartig auf und aus und zwar jenseits der formalen Zuständigkeiten und Hierarchien. Also: Wir suchen das Politische am falschen Ort, mit den falschen Begriffen, in den falschen Etagen, auf den falschen Seiten der Tageszeitungen. Genau die Entscheidungsbereiche, die im Modell des Industriekapitalismus im Windschatten des Politischen liegen – Werbung, Wirtschaft, Verwaltung, Konsum, Wissenschaft, Privatheit –, geraten in der reflexiven Risikomoderne in die Stürme politischer Auseinandersetzung. Wer verstehen will, warum, muß nach der kulturell-politischen Bedeutung erzeugter Gefahren fragen.

Auch die Gefahr ist entäußerte, gebündelte Subjektivität und Geschichte. Sie ist eine Art kollektive Zwangserinnerung daran, daß in dem, dem wir uns ausgesetzt sehen, unsere Entscheidungen und Fehler stecken. Globale Gefahren sind die Verkörperung der Irrtümer einer ganzen Epoche des Industrialismus, sie sind eine Art kollektive Wiederkehr des Verdrängten. In deren bewußter Durchdringung liegt vielleicht die Chance, den Bann des industriellen Fatalismus zu brechen. Wenn jemand eine Maschine bauen wollte zur Aufhebung der Maschine, müßte er den Bauplan der ökologischen Selbstgefährdung verwenden. Sie ist die Verdinglichung, die nach ihrer Aufhebung schreit. Dies ist die zugegeben winzige Chance globaler Subpolitik in der Weltrisikogesellschaft.

Doch nimmt man die Notwendigkeit einer (Um)Welt-Politik von oben hinzu, wird deutlich: Es bleibt möglich, das Vakuum, in das Europa und die Welt nach dem Ende der Ost-West-Konfrontation geraten ist, von der aktiven Seite her zu begreifen: Unser Schicksal ist die Nötigung, das Politische neu zu erfinden.

Anmerkungen

Dieser Beitrag erschien erstmalig in: Umweltsoziologie. Kölner Zeitschrift für Soziologie und Sozialpsychologie; Hrsg. von Andreas Dieckmann und Carlo C. Jaeger; Westdeutscher Verlag, Opladen; Sonderheft 36 (1996), S. 119-147.

1 Etwas vollmundig habe ich in diesem Sinne vor zehn Jahren verkündet: In und mit der Risikogesellschaft bricht »die Gewalt der Gefahr hervor, die alle Schutzzonen und sozialen Differenzierungen innerhalb und zwischen den Nationalstaaten aufhebt«. So entstehen »Länder, Branchen und Unternehmen, die von der Risikoerzeugung *profitieren,* und andere, die mit ihrer gesundheitlichen zugleich ihre ökonomische Existenz *bedroht* sehen ... An den Spitzen der Zukunft, die in den Horizont der Gegenwart hineinreichen, verwandelt sich die Industriezivilisation in einen ›Länderkampf‹ der Weltrisikogesellschaft.« (1986, S. 61ff, 1990, S. 10 u. 116) Es ist an der Zeit, für diese schnelle These einige begriffliche Klärungen, Unterscheidungen, Belege, Korrekturen, Anreicherungen mit Ergebnissen und Diskussionen z. B. aus der Wissenschaft von der internationalen Politik und der internationalen Konfliktforschung nachzuliefern – was in diesem Aufsatz geschehen soll.

2 Zu verschiedenen Positionen in der Theorie reflexiver Modernisierung siehe Beck/Giddens/Lash (1995).

3 Siehe dazu geistes- und theoriegeschichtliche Darstellung der verschiedenen Grundverständnisse von Natur in Mayer-Tasch (1993), zur Debatte um Naturbegriffe nach dem Ende der Natur, vgl. G. Böhme, »Die Natur im Zeitalter ihrer technischen Reproduzierbarkeit« (1991), für zugleich möglicherweise universelle und subkulturell verschiedenartige Naturbilder der Umweltbewegten, des Industriemanagers usw. in der Sicht der Kulturtheorie M. Schwarz/M.

Thompson (1990) sowie für Naturbilder in der modernen Gesellschaft allgemein R. Hitzler (1992), van den Daele (1992).

4 G. Benn, Das Gottfried Benn Brevier, München 1986, S. 71f.

5 Vgl. U. Beck (1986 und 1988), M. Oechsle (1988).

6 Damit geht ein langer Abschnitt der Soziologiegeschichte zuende, in dem die Soziologie, strikt im Rahmen ihrer Gründungsarbeitsteilung mit den Naturwissenschaften, von »Natur« als dem Anderen, der Umwelt, dem Vorgegebenen abstrahieren konnte. Dieses Absehen von Natur entsprach durchaus einem bestimmten Verhältnis zu ihr. Bei Comte kommt dies unverhüllt zur Sprache. Er will ausdrücklich das Eroberungsverhältnis der Völker durch ein Eroberungsverhältnis der Natur durch die aufkommende bürgerliche Industriegesellschaft ersetzen, um auf diese Weise die innergesellschaftlichen Konflikte zu entschärfen – ein Motiv, das bis heute nichts von seiner Bedeutung verloren hat. Abstraktion von der Natur setzt also Herrschaft über die Natur voraus. So konnte der »Konsumptionsprozeß« der Natur, als den Marx den Arbeits- und Produktionsprozeß faßte, vorangetrieben werden. Wenn heute von »ecological citizenship« die Rede ist, also Grundrechte auf Tiere, Pflanzen usw. übertragen werden sollen, kommt genau das Aufbrechen dieses Unterwerfungs-Abstraktions-Verhältnisses in seinem Gegen-Extrem zur Sprache.

7 Margit Eichler berichtet von einem kleinen Lese-Experiment, das sie als Soziologin machte, um dem sozialen Gehalt von Umweltfragen auf die Spur zu kommen. Sie las ein Semester lang *Globe and Mail* sowie andere Zeitungen und wertete sie systematisch aus mit dem Ergebnis, daß sie von weitgehend naturwissenschaftlichen Gefahrennachrichten buchstäblich zugeschwemmt wurde. Im

64

Gesamtbild erhält sie das Bild einer Welt in einer enormen Umweltkrise. »Ich schließe daraus, daß wir als WissenschaftlerInnengemeinde mutwillig Barrieren gegen ein Wissen aufrichten, das zu erschreckend, zu überwältigend erscheint und zu hohe Anforderungen stellt, die uns zwingen, nicht nur unser Privatleben, sondern auch unsere berufliche Arbeit neu zu durchdenken.« (B. Eichler 1994, 372).

8 Es ist im übrigen auch schwer, den überzeitlichen, kontextunabhängigen Allgemeingültigkeitsanspruch der Kulturtheorie mit deren Interesse an kontextueller Genauigkeit, Relativität, kultureller Konstruiertheit in Einklang zu bringen. Welcher Kontext-Kultur entstammt dieser fast bedenkenlose Universalismus? Es ist schwer, darauf nicht mit einem Hinweis auf Eurozentrismus zu antworten.

9 B. Latour (1993). Sein Buch »We have never been modern« gehört allerdings zu den herausragenden und herausfordernsten Schriften in der Technik-Soziologie seit Jahren.

10 C. Spretnak (1989, 128f) zit. nach B. Eichler (1994).

11 Y. King (19989, 22f), zit. nach B. Eichler (1994).

12 D. Haraway (1984, 66).

13 Scharping/Görg (1994, 190), siehe auch E. Becker (1990).

14 »Politics is a process of the creation of discourse-coalitions based on a shared definitions of reality. We suggested that credibility, acceptability, and trust determine the extent to which this process of world-making is successful. This implies, first of all, that if one seeks to design reflexive institutional arrangements one should take into consideration the socio-cognitive basis of discourse-coalitions. For instance, the fact that Third World platforms refute the new construct of global environmental problems seems not so much due to a scientific doubt about the importance of global threats. It is more likely that it was the

result of the complete lack of trust on their part towards supra-national institutions such as the World Bank that were given a central role in the implementation of Agenda 21 ... Reflexive institutional arrangements can therefore never be based on pre-conceived problem definitions. Indeed, reflexive practices should in large part be oriented towards constructing the social problem.« (1995, 280, 287; siehe auch W. Bonß, 1995).

15 In der Besprechung meines Buches »Die Erfindung des Politischen« hat sich Wolfgang van den Daele auch differenziert mit diesem Schlüsselkriterium auseinandergesetzt. Er schreibt: »Die Haftung für die Gesamtheit der Folgen technischer Unfälle (Modell: Betreiber eines Kernkraftwerks) wird tatsächlich in manchen Fällen die Kapazität des privatwirtschaftlichen Versicherungssystems übersteigen. Bei der Deckung des individuellen Schadens, der durch solche Unfälle oder andere neue Gefährdungen entstehen kann, sind jedoch keine Grenzen der privaten Versicherbarkeit erkennbar. Auch für jemand, der neben einem Kernkraftwerk oder einer Chemiefabrik wohnt, werden Lebensversicherungen angeboten.« Dies ist ein interessanter Irrtum: das Gegenteil ist tatsächlich der Fall, auch Individualversicherer im Umkreis von Kernkraftwerken haben erhebliche Schwierigkeiten, Lebensversicherungen abzuschließen.

Van den Daele fährt fort: »Wenn infolge des Klimawechsels die Sturmschäden in unseren Breiten dramatisch zunehmen, steigen die Prämien – auf das Niveau, das heute schon für Regionen gilt, die häufig von Wirbelstürmen oder Erdbeben heimgesucht werden.« Dies nimmt inzwischen in einem Ausmaß zu, daß auch hier ganze Bereiche zu »versicherungsfreien« Zonen werden und/oder Versicherungsgesellschaften weltweit in Krisen geraten. »Ferner sind Grenzen der Versicherbarkeit nicht einfach das

soziologische Korrelat zunehmender objektiver Gefähr-
dungslagen. Sie entstehen auch durch *Veränderung des
Zurechnungsrahmens*.« Selbstverständlich, denn: »Die
Auswirkungen eines Tankerunglücks überschreiten die
Grenzen der Versicherbarkeit, sobald die Reinigung von
Küsten, die toten Seevögel und die Einbußen für den
Tourismus als Schaden geltend gemacht werden können,
für den die Reederei haftet. Die Auswirkungen selber sind
aber (mit Ausnahme eben der Haftung) nicht größer als
vorher, als sie noch als Unglück verbucht wurden, das
von den Betroffenen oder der Allgemeinheit zu tragen ist.
In einigen Staaten der USA liegt inzwischen das Risiko
der Geburtshilfe ›jenseits der Versicherbarkeit‹, weil die
Gerichte bei Kunstfehlern willkürlich hohe Schadenser-
satzansprüche gewähren. Eine verschuldungsabhängige,
der Höhe nach unbegrenzte Gefährdung für unbekannte
Gefahren würde für viele Handlungen Unversicherbarkeit
bedeuten. Daß eine solche Haftung von einigen für die
Einführung neuer Technik (beispielsweise der Gentechnik) gefordert wird, ist eher ein Indiz für den Grad der politischen Ablehnung der Technik als für deren objektives
Gefährdungspotential.« Hier wird eine Unterscheidung
gemacht, die ich nicht teilen kann; beide Gesichtspunkte
fallen in einer »realistisch-konstruktivistischen« Sicht zu-
sammen (s.o.).
Van den Daele zieht die Schlußfolgerung: »Grenzen der
Versicherbarkeit sind kein eindeutiger Indikator; sie dis-
kriminieren nicht, ob die Gefährdung größer oder die Ri-
sikowahrnehmung schärfer geworden ist. Politisch mag
das gleichgültig sein, wenn beide Faktoren das Bewußtsein erzeugen, in einer riskanten Welt zu leben. Soziolo-
gisch aber knüpfen sich an die Unterscheidung dieser
Faktoren relevante Fragen: Warum werden bestimmte Risiken und Unsicherheiten in verschiedenen Ländern un-

terschiedlich virulent? Warum geht Deutschland offenbar auf dem Weg in die ›Risikogesellschaft‹ voran, obwohl die meisten Atomkraftwerke in Frankreich laufen und die meisten gentechnisch veränderten Organismen in den USA freigesetzt werden? Welche Rolle spielt die Geschichte eines Landes, das Rechtssystem, die Durchlässigkeit der politischen Entscheidungshierarchie etc.?« Auch ich halte diese Fragen für wichtig. Sie markieren aber keine Einwände, sondern Gesichtspunkte für produktive Ausarbeitungen nach dem Motto »further research is necessary«. Bezeichnenderweise argumentiert Daele allerdings ganz im Rahmen einer nationalstaatlichen Risikogesellschaft, die Dynamik globaler Gefahren einer Weltrisikogesellschaft tritt bei ihm nicht in den Blick; siehe dazu später Abschnitt 5.

16 Zur Logik von Risikokonflikten C. Lau u.a. (1990, 1994), D. Nelkin (1992), Hildebrandt u.a. (1994), Hennen (1994).

17 Ein Beispiel für diese neuen Verhandlungszwänge ist der sogenannte »Auto-Konsens«, erzielt zwischen Industrie und Politik im Sommer 1995, dessen Haltbarkeit allerdings durchaus offen ist: »Mit einer breiten Palette eigener Maßnahmen und Zusicherungen der Politik wollen die Autohersteller VW, BMW, Mercedes-Benz und Porsche erreichen, daß Deutschland Produktionsstandort für Autos bleibt. In einem gemeinsamen Konsenspapier mit den ›Heimatländern‹ Niedersachsen, Bayern und Baden-Württemberg verpflichteten sie sich zur weiteren Verbesserung ihrer Autos insbesondere im Umweltinteresse. Zudem bekannten sie sich zum Ziel stabiler Beschäftigungsverhältnisse. Voraussetzung ist, daß die Politik klare Rahmenbedingungen setze, keine zusätzlichen Belastungen bei Steuern und Lohnnebenkosten auferlege und der Autofahrer nicht von generellen Geschwindigkeitsbegren-

zungen betroffen werde. Spätestens im Jahr 2000 sollen
Drei-Liter-Autos auf dem Markt sein«, meldet die FAZ
am 12. 8. 1995.

18 United Nations (1987, 6).

19 M. Zürn (1995, 51), dem die Ideen und Daten dieser Ty-
pologien entnommen sind.

20 Ernst Ulrich von Weizsäcker weist darauf hin, daß es
auch in früheren Zeiten zu bewaffneten Konflikten um
natürliche Ressourcen gekommen ist, daß allerdings diese
Konflikte heute und in Zukunft um allgemeinere und globale Güter und Herausforderungen kreisen: »In argentini-
schen und chilenischen Zeitungen kann man seit einigen
Jahren regelmäßig über das hauptsächlich vom industriellen Norden verursachte Ozonloch über der Antarktis le-
sen, welches für Menschen und Tiere an der Südspitze
Südamerikas zur akuten Bedrohung geworden ist. Die
tiefliegenden Insel-Staaten der Welt haben sich seit der
Zweiten Weltklimakonferenz in Genf 1990 als eigene
diplomatische Gruppe etabliert (AOSIS), die sich in der
Befürchtung gegen den verstärkten Treibhauseffekt wendet, daß der Meeresspiegel rasch und unkontrolliert an-
steigen könnte. Das Überfischen der Weltmeere, insbesondere durch japanische und russische Flotten, hat nicht
nur Umweltschützer, sondern auch zahlreiche vom klein-
räumigen Fischfang abhängige Nationen auf den Plan ge-
rufen. Und die ganze Debatte für den Schutz der Tropenwälder etwa durch einen Tropenholzboykott hat schon im
Vorfeld des ›Erdgipfels‹ von Rio de Janeiro, Juni 1992,
schwere diplomatische Spannungen zwischen Industrie-
ländern und waldreichen Tropenländern ausgelöst.
Ein Ende dieser neuartigen ökologischen Konflikte ist
nicht abzusehen. Mit zunehmender Bedrohung des Welt-
klimas, der globalen Artenvielfalt, des Ozonschutzschil-
des, der Wasserressourcen einschließlich der Ozeane so-

wie mit zunehmend höherer Bevölkerungsdichte wächst die Nervosität bei den Hauptbetroffenen. Streitobjekte der neuen ökologischen Konflikte sind also allgemeine Umweltgüter, weniger die natürlichen Ressourcen, die Hoheitsgebieten einzelner Staaten zuzuordnen sind. Das Völkerrecht tut sich mit diesen Allgemeingütern bislang noch schwer. Es ist nicht auszuschließen, daß die Spannungen um diesen ökologischen Konflikt ein Ausmaß erreichen, bei welchem ein größerer Krieg, ja ein Dritter Weltkrieg ausgelöst werden könnte.« (1995, 57)

21 E. Senghaas-Knobloch (1992, 66).

22 Zu der Frage, unter welchen Rahmenbedingungen internationale Regimes kreiert werden können, siehe Zürn, (1995, 54ff).

23 R. Falk (1995, 117).

24 T. Hobbes (1968).

25 A. D. Zimmerman (1995, 88).

26 Ph. J. Frankenfeld (1992, 463f), zit. nach Zimmerman (1995, 89); siehe auch die Beiträge in B. van Steenbergen (1994) sowie D. Archibugi/D. Held (1995).

27 Ebd.

Literaturverzeichnis

Adam, Barbara (1996), »Re-Vision: The Centrality of Time for an Ecological Social Science Perspective«. In: *Lash, S. et al.* (1996), S. 84-137.

Adam, Barbara (1995), Timewatch: The Social Analysis of Time, Cambridge.

Archibugi, Daniele und *Held, David* (Hrsg.) (1995), Cosmopolitan Democracy, Cambridge.

Barber, Benjamin (1984), Strong Democracy, Berkeley.

Beck, Ulrich (1993), Die Erfindung des Politischen, Frankfurt/M.

Beck, Ulrich (1991), »Die Soziologie und die ökologische Frage«, Berliner Journal für Soziologie, Bd. 3, S. 331-341; English version in *Beck* (1994).

Beck, Ulrich (1992a), »From Industrial to Risk Society«, Theory, Culture and Society 9, S. 97-123.

Beck, Ulrich (1988), Gegengifte – Die organisierte Unverantwortlichkeit, Frankfurt/Main.

Beck, Ulrich (1990), Politik in der Risikogesellschaft, Frankfurt/Main.

Beck, Ulrich (1986), Risikogesellschaft: Auf dem Weg in eine andere Moderne, Frankfurt/Main.

Beck, Ulrich/Giddens, Anthony/Lash, Scott (1994), Reflexive Modernization: Politics, Tradition and Aesthetics in the Modern Social Order, Cambridge (deutsche Übersetzung 1996).

Becker, Egon (1990), »Transformation und kulturelle Hülle«, Prokla 12-27.

Benn, Gottfried (1986), Das Gottfried Benn Brevier, München.

Bogun, Roland und *Warzewa, Günter* (1992), »Großindustrie und ökologische Probleme in der Region – Wie reagieren Industriearbeiter?«, Soziale Welt, Jg. 43, S. 237-245.

Böhme, Gernot (1991), »Die Natur im Zeitalter ihrer technischen Reproduzierbarkeit«. In: *Ders.*: Die Natur im Zeitalter ihrer technischen Reproduzierbarkeit, Frankfurt/Main.

Bonß, Wolfgang (1991), »Unsicherheit und Gesellschaft – Argumente für eine soziologische Risikoforschung«, Soziale Welt, Jg. 42, S. 258-277.

Bonß, Wolfgang (1995), Vom Risiko. Unsicherheit und Ungewißheit in der Moderne, Hamburg.

Brand, Karl-Werner und *Poferl, Angelika* (1996), Ökologische Kommunikation in Deutschland, Opladen.

Bühl, Walter (1981), Ökologische Knappheit – Gesellschaftliche und technologische Bedingungen ihrer Bewältigung, Göttingen.

Claus, Frank und *Wiedermann, Peter* (1994), Umweltkonflikte, Taunusstein.

de Haan, Gerhard (Hrsg.) (1995), Umweltbewußtsein und Massenmedien. Perspektiven ökologischer Kommunikation, Berlin.

Doubiago, Sharon (1989), »Mama Coyote Talks to the Boys«. In: *Plant, J.* (Hrsg.), Healing the Wounds: The Promise of Ecofeminism, Philadelphia, S. 40-44.

Douglas, Mary (1992), Risk and Blame: Essays in Cultural Theory, London.

Douglas, Mary und *Wildavsky, Aaron* (1992), Risk and Culture. Los Angeles.

Dunlap, Riley E. und *Catton, William R.* (1994), »Toward an Ecological Sociology: The Development, Current Status, and Probable Future of Environmental Sociology«. In: *Antonio, W.V./Sasaki, M./Yonebayashi, Y.* (Hrsg.), Ecology, Society and the Quality of Social Life, New Brunswick/London.

Eder, Klaus (1988), Die Vergesellschaftung der Natur – Studien zur sozialen Evolution der praktischen Vernunft, Frankfurt/Main.

Eichler, Margit (1994), »›Umwelt‹ als soziologisches Problem«, Das Argument 205, S. 359-376.

Elliott, Brian (1992), »Sociology and the Environment: New Directions in Theory and Research«, delivered at the Canadian Sociology and Anthropology Association, May/June (unveröffentlichtes Manuskript).

Ewald, François (1991), »Die Versicherungsgesellschaft«. In: *Beck, U.* (Hrsg.), Politik in der Risikogesellschaft, Frankfurt, S. 288-301.

Falk, Richard (1994), »The Making of Global Citizenship«. In: *van Steenbergen, B.* (1994), S. 127-140.

Frankenfeld, Philip J. (1992), »Technological Citizenship«, Science, Technology and Human Values 17, S. 459-484.

Giddens, Anthony (1997), Jenseits von Links und Rechts. Frankurt/Main.

Giddens, Anthony (1995), Die Konsequenzen der Moderne. Frankfurt/Main.

Görg, Christoph (1992), Neue soziale Bewegungen und kritische Theorien, Wiesbaden.

Hajer, Maarten (1996), The Politics of Environmental Discourse. Ecological Modernization and the Policy Process, Oxford.

Halfmann, Jost und *Japp, Klaus Peter* (Hrsg.) (1990), Riskante Entscheidungen und Katastrophenpotentiale — Elemente einer soziologischen Risikoforschung, Opladen.

Haraway, Donna (1991), Simians, Cyborgs and Women: The Reinvention of Nature, London.

Heine, Hartwig und *Mautz, Rüdiger* (1989), Industriearbeiter contra Umweltschutz?, Frankfurt/New York.

Hildebrandt, Eckart/Gerhardt, Udo/Kühleis, Christoph/Schenk, Sabine/Zimpelmann, Beate (1994), »Politisierung und Entgrenzung – Am Beispiel ökologisch erweiterter Arbeitspolitik«, Soziale Welt, Sonderband 9.

Hitzler, Ronald (1991), Zur gesellschaftlichen Konstruktion von Natur: Kulturelle Hintergründe und ideologische Postitionen des aktuellen Öko-Diskurses, Wechselwirkung, Nr. 50, S. 58-75.

Horlick-Jones, Thomas (1996), »Modern Disasters as Outrage and Betrayal«, International Journal of Mass Emergencies and Disasters (in Druck).

Horlick-Jones, Thomas (1995), »Urban Disasters and Megacities in a Risk Society«, Geo Journal 37/3, S. 329-334.

Jahn, Thomas (1990), »Das Problemverständnis sozial-ökologischer Forschung. Umrisse einer kritischen Theorie gesellschaflicher Naturverhältnisse«, Jahrbuch für sozial-ökologische Forschung 1, S. 15-41.

King, Ynesta (1989), »The Ecology of Feminism and the Feminism of Ecology«. In: *Plant, J.* (Hrsg.), Healing the Wounds: The Promise of Ecofeminism, Philadelphia, S. 18-28.

Laird, Frank N. (1993), »Participatory Analysis, Democracy and Technological Decision-Making«, Science, Technology and Human Values 18, S. 341-361.

Lash, Scott/Szerszynski, Bronislaw/Wynne, Brian (Hrsg.) (1996),

Risk, Environment and Modernity: Towards a New Ecology, London.

Lash, Scott und *Urry, John* (1994), Economics of Signs and Space, London.

Latour, Bruno (1991), »Technology Is Society Made Durable«. In: *Law, J.* (Hrsg.), A Sociology of Monsters: Essays on Power, Technology and Domination, London, S. 103-131.

Latour, Bruno (1995), Wir sind niemals modern gewesen, Berlin.

Lau, Christoph (1989), »Risikodiskurse«, Soziale Welt Bd. 3, S. 271-292.

Liberatoire, Angela (1994), »Facing Global Warming: The Interaction between Science and Policy-Making in the European Community«. In: *Redcliff, M.* und *Benton, T.* (Hrsg.), Social Theory and the Global Environment, London.

Luhmann, Niklas (1991), Die Soziologie des Risikos, Berlin.

Luhmann, Niklas (1986), Ökologische Kommunikation – Kann die moderne Gesellschaft sich auf ökologische Gefährdungen einstellen? Opladen.

Merz, Hans und *Wernike, Walter* (1995), Die neue Internationale, Die Zeit vom 25.8.95, S. 9ff.

Metzner, Andreas (1994), »Offenheit und Geschlossenheit in der Ökologie der Gesellschaft«. In: *Beckenbach, F.* und *Diefenbacher, H.* (Hrsg.), Zwischen Entropie und Selbstorganisation: Perspektiven einer ökologischen Ökonomie, Marburg, S. 349-391.

Moscovici, Serge (1976), Society against Nature. The Emergence of Human Societies, Hassocks.

Nelkin, Dorothy (Hrsg.) ([3]1992), Controversy: Politics of Technical Decisions, London.

Oechsle, Mechthild (1988), Der ökologische Naturalismus, Frankfurt/Main.

Osterland, Martin (1994), »Der ›grüne‹ Industriearbeiter – Arbeitsbewußtsein als Risikobewußtsein«, Soziale Welt, Sonderband 9.

Perrow, Charles (1988), »Komplexität, Kopplung und Katastrophe«. In: *Ders.:* Normale Katastrophen – Die unvermeidbaren Risiken der Großtechnik, Frankfurt/Main.

Plant, Christopher und *Plant, Judith* (Hrsg.) (1991), Green Business: Hope or Hoax?, Philadelphia.

Rammert, Werner (1993), »Wer oder was steuert den technischen Fortschritt«. In: *Ders.:* Technik aus soziologischer Perspektive, Opladen, S. 151-176.

Redcliff, Michael und *Benton, Thomas* (Hrsg.) (1994), Social Theory and the Global Environment, London.

Reusswig, Frank (1994), »Lebensstile und Ökologie«, Sozialökologische Arbeitspapiere 43, Frankfurt/Main.

Rip, Arie (1985), »Experts in Public Arenas«. In: *Otway, H.* und *Peku, M.* (Hrsg.), Regulating Industrial Risks: Science, Hazards and Public Protection, London.

Rosenmayr, Leopold (1989), »Soziologie und Natur«, Soziale Welt, Jg. 40.

Scharping, Michael und *Görg, Christoph* (1994), »Natur in der Soziologie«. In: *Görg, C.* und *Scharping, M.* (Hrsg.), Gesellschaft im Übergang, Darmstadt.

Schwarz, Michael und *Thompson, Michael* (1990), Divided We Stand: Redefining Politics, Technology and Social Choice, New York.

Senghaas-Knobloch, Eva (1992), »Industriezivilisatorische Risiken als Herausforderung für die Friedens- und Konfliktforschung«. In: *Meyer, B.* und *Wellmann, Ch.* (Hrsg.), Umweltzerstörung: Kriegsfolge und Kriegsursache, Frankfurt am Main.

Shiva, Vandana (1991), Ecology and the Politics of Survival: Conflicts over Natural Resources in India, London/New Delhi.

Shiva, Vandana (1988), Staying Alive. Women, Ecology and Development, London.

Slovic, Paul (1993), »Perceived Risk, Trust and Democracy«, Risk Analysis 13/6, S. 675-682.

Sontheimer, Sally (1991), Women and the Environment: A Reader. Crisis and Development in the Third World, London.

Spretnak, Charlene (1990), »Ecofeminism: Our Roots and Flowering«. In: *Diamond, I.* und *Orenstein, G.F.* (Hrsg.), Reweaving the World. The Emergence of Ecofeminism, San Francisco.

Spretnak, Charlotte (1989), »Towards an Ecofeminist Spirituality«. In: *Plant, J.* (Hrsg.), Healing the Wounds, S. 127-132.

Symposium on »Sociology of the Environment«, American Sociologist, vol. 25, Spring 1994.

Szerszynski, Bronislaw/Lash, Scott/Wynne, Brian (1996), »Ecologies, Realism and the Social Sciences«. In: *Lash, S. et al.* (1996), S. 1-26.

Tucker, Alphones (1996), »The Fallout from the Fallout«, The Guardian Weekend, February 17th, S. 12-16.

van den Daele, Wolgang (1995), »Politik in der ökologischen Krise«, Soziologische Revue 18/3, S. 501-508.

van den Daele, Wolfgang (1992), »Concepts of Nature in Modern Societies«. In: *Dierkes, M.* und *Biervert, B.* (Hrsg.), European Social Science in Transition, Frankfurt/Main.

van Steenbergen, Bart (Hrsg.) (1994), The Conditions of Citizenship, London.

Wehling, Peter (1989), »Ökologische Orientierung in der Soziologie«, Sozial-ökologische Arbeitspapiere 26, Frankfurt am Main.

von Weizsäcker, Ulrich (1995), »Hätte ein Dritter Weltkrieg ökologische Ursachen?«, Der Bürger im Staat, 45/1, S. 57f.

Welsh, Ian (1995), »Risk, Reflexivity and the Globalization of Environmental Politics«, Centre for Social and Economic Research Publications, Working Paper No. 1, Bristol.

Winner, Langdon (1992), »Citizen Virtues in a Technological Order«, Inquiry 35/3-4.

Winner, Langdon (1986), »Do Artifacts Have Politics?«. In: *Ders.:* The Whale and the Reactor: A Search for Limits in an Age of High Technology, Chicago, S. 19-39.

Wynne, Brian (1991), »Knowledges in Context«, Science, Technology and Human Values 16/1, S. 111-121.

Wynne, Brian (1996a), »May the Sheep Safely Graze?«. In: *Lash, S. et al.* (1996), S. 44-83.

Wynne, Brian (1992), »Misunderstood Misunderstandings: Social Identities and Public Uptake of Science«, Public Understanding of Science 1, S. 281-304.

Wynne, Brian (1996b), »The Identity Parades of SSK: Reflexivity, Engagement and Politics«, Social Studies of Science 26.

World Commission on Environment and Development (1987), Our Common Future, Oxford.

Yearley, Steven (1994), »Social Movements and Environmental Change«. In: *Redcliff, M.* und *Benton, T.* (Hrsg.), Social Theory and the Global Environment, London, S. 150-168.

Zimmerman, Andrew D. (1995), »Towards a More Democratic Ethic of Technological Governance«, Science, Technology and Human Values 20/1, S. 86-107.

Zürn, Michael (1995), »Globale Gefährdungen und internationale Kooperation«, Der Bürger im Staat 45/1, S. 49-56.

Der Autor

Ulrich Beck, geboren 1944, ist seit 1992 Professor für Soziologie an der Universität München mit den Themenschwerpunkten Theorie der Moderne, Soziale Ungleichheit, Arbeit und Ökologie; Herausgeber der Zeitschrift »Soziale Welt«; Mitglied der Kommission für Zukunftsfragen der Freistaaten Bayern und Sachsen; Distinguished Research Professor der Universität Cardiff/Wales. Zahlreiche Publikationen.

Versichert?

Versorgt!

Damit es bei Ihrer Pensionierung kein böses Erwachen gibt,
gibt es jetzt die Privatpension der Wiener Städtischen.
Mit hohem Gewinn - ein Leben lang sicher.
Das versprechen wir nicht, das versichern wir Ihnen.
Rufen Sie einfach an und fragen Sie nach der Privatpension.
Tel. 0660/6028.

WIENER STÄDTISCHE

Kulturstadt Wien –
Zwischen Tradition und Avantgarde

Wien kann auf dem Gebiet der Kunst und Wissenschaft auf ein reiches Kulturerbe zurückblicken. Unzählige Persönlichkeiten des Kultur- und Geisteslebens wirkten hier und begründeten den Ruf Wiens als Kulturmetropole. Doch auch heute hat Wien in Sachen Kultur einiges zu bieten.

Von den Wiener Festwochen bis hin zu einer vitalen und innovativen Freien-Bühnen-Szene, vom im Ausland vielbeachteten Musikfestival Klangbogen über Operetten- und Schrammelmusik bis hin zu Jazz- und Rockkonzerten, vom Filmfestival Viennale über Opernfilmvorführungen auf dem Rathausplatz bis hin zu einer experimentierfreudigen heimischen Filmkunst – die kulturelle Vielfalt könnte beliebig fortgesetzt werden. Sogar Kunstsparten, die eher ein kleineres Publikum ansprechen, wie Tanz, Architektur, Fotografie und Film, gewinnen zunehmend an Bedeutung.

Voraussetzung für dieses an Spannung und Vielfalt reiche Kulturklima ist ein Kulturbegriff, der auf Respekt basiert, der Respekt integriert: Respekt gegenüber dem Anderen, dem Fremden, gegenüber ethnisch oder religiösen Minderheiten, gegenüber Menschen mit verschiedenen Weltanschauungen. Nur so ist ein Miteinander möglich. Ein Miteinander von Menschen mit verschiedenen Sprachen, Anschauungen, Nationalitäten. Ein Miteinander, das in Wien bisher immer möglich war.

Anzeige: PID – Wien